Naturwissenschaftliche Elementarbücher.

1. **Chemie** von H. E. Roscoe, Mitglied der königlichen Gesellschaft in London. Deutsche Ausgabe, besorgt von F. Rose. Prof. der Chemie an der Universität Straßburg. Mit 36 Abbild. und einem Anhang von Fragen und Aufgaben. 7. Auflage. Gebunden 80 Pfg.
2. **Physik** von Balfour Stewart, Professor der Physik in Manchester. Deutsche Ausgabe, besorgt von E. Warburg, Professor der Physik an der Universität Berlin. Mit 48 Abbildungen und einem Anhang von Fragen und Aufgaben. 5. verbesserte Auflage. Gebunden 80 Pfg.
3. **Astronomie** von Norman Lockyer, Mitglied der königlichen Gesellschaft in London. Deutsche Ausgabe, besorgt von A. Winnecke. Durchgesehen von E. Becker, Professor und Direktor der Kais. Univ.-Sternwarte zu Straßburg. Mit 47 Abbildungen. 6. unveränderte Auflage. Geb. 80 Pfg.
4. **Physikalische Geographie** von A. Geikie, Prof. der Geologie an der Universität Edinburgh. Deutsche Ausgabe, besorgt von Oskar Schmidt, weiland Prof. an der Universität Straßburg. Nach der neuesten englischen Ausgabe bearbeitet von Georg Gerland, Prof. d. Geographie an der Universität Straßburg. 5. Auflage. Mit 21 Abbild. und einem Anhang von Fragen und Aufgaben. Gebunden 80 Pfg.
5. **Geologie** von A. Geikie. Deutsche Ausgabe, besorgt von Oskar Schmidt. Mit 47 Abbildungen und einem Anhang von Fragen und Aufgaben. 5. verbesserte Auflage. Geb. 80 Pfg.

6. 7. **Tierkunde** von A. Goette, Prof. d. Zoologie an der Universität Straßburg. Mit 65 Abbildungen. 2. durchgesehene Auflage. Gebunden M. 1.60.

8. **Botanik** von A. de Bary, weiland Prof. an der Universität Straßburg. Neu herausgegeben von H. Graf zu Solms-Laubach, Prof. an der Universität Straßburg. Mit 43 Abbild. 5. unveränderte Auflage. Gebunden 80 Pfg.
9. **Mineralogie** von Karl F. Peters, Prof. der Mineralogie und Geologie an der Universität Graz. Mit 46 Abbild. Durchgesehen von H. Bücking, Prof. der Mineralogie an der Universität Straßburg. 4. unveränderte Auflage. Geb. 80 Pfg.
10. **Physiologie** von M. Foster, Professor an der Universität Cambridge. Deutsche Ausgabe von J. Rich. Ewald, Professor an der Universität Straßburg. Mit 19 Abbildungen. 3. neu durchgesehene Auflage. Gebunden 80 Pfg.
11. **Allgemeine Einführung in die Naturwissenschaften** von T. H. Huxley. Deutsche Ausgabe von Oskar Schmidt. Durchgesehen von Paul Hensel, a.-o. Prof. an der Univ. Heidelberg. 4. Auflage. Gebunden 80 Pfg.

Fig. 2.

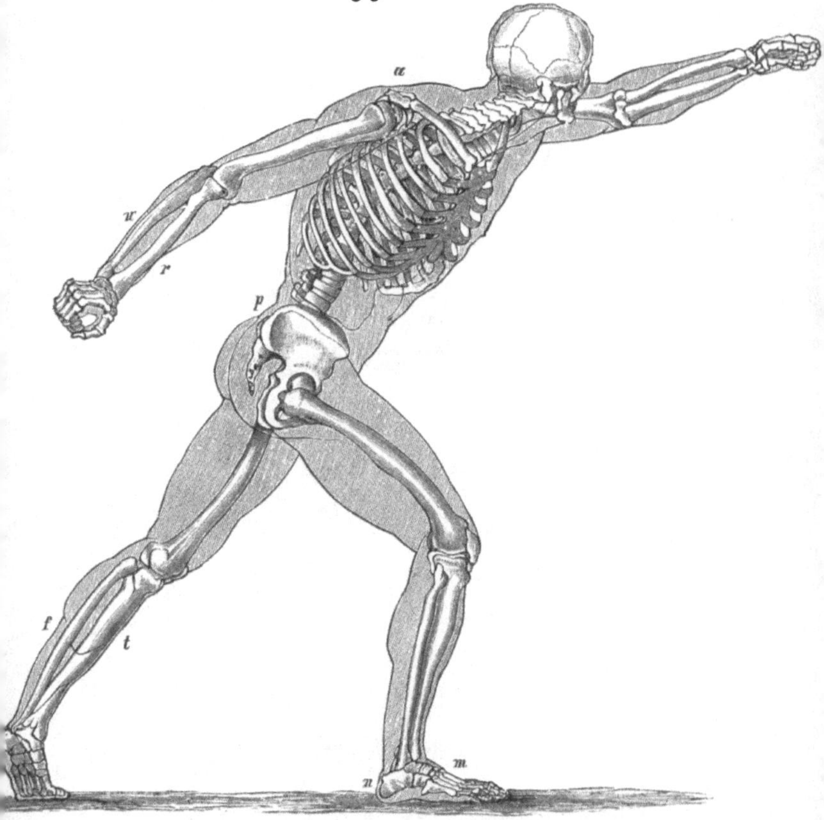

tue des Fechters im Umriß mit eingezeichnetem Skelett, a Schulterknochen, u Elle, r Speiche, p Beckenknochen, t Schienbein, f Wadenbein, n Ferse, m Mittelfuß.

Naturwissenschaftliche Elementarbücher.

Tierkunde

von

A. Goette,

Professor der Zoologie an der Universität Straßburg.

Mit 65 Abbildungen.

Zweite durchgesehene Auflage.

Straßburg.
Verlag von Karl J. Trübner
1904.

Druck von M. DuMont-Schauberg, Straßburg.

Vorwort.

Als ich die Aufgabe übernahm, eine neue Auflage von Oskar Schmidts „Tierkunde“ zu besorgen, überzeugte ich mich alsbald, daß nur eine vollständig neue Bearbeitung des Stoffes den Forderungen gerecht werden könnte, die nach meiner Ansicht an eine elementare Einleitung in die Tierkunde zu stellen sind. So entstand, im Einverständnis mit dem Herrn Verleger, dieses neue Bändchen in der Reihe der naturwissenschaftlichen Elementarbücher als Ersatz für die vergriffene „Tierkunde“ von Oskar Schmidt.

Dem sachkundigen Leser wird es nicht entgehen, daß meiner Darstellung eine wesentlich neue Methode des ersten Unterrichts in der Tierkunde zugrunde liegt. Ohne auf diese Methode hier näher einzugehen, hebe ich nur einige für mich maßgebende Punkte hervor. Ziel und Inhalt jenes Unterrichts erblicke ich nicht in der üblichen Anhäufung von äußerlichen Kenntnissen, also weder in den Einzelbeschreibungen, noch in der Übung im eigentlichen Systematisieren, sondern in der Anleitung zu einer selbständigen Beobachtung und Beurteilung des uns umgebenden Tierlebens. Dies zu erreichen, sollten Art und Verlauf der Darstellung immer an die natürliche, unbefangene Auffassung des Nichtunterrichteten anknüpfen, der unbewußt nur von sich und der eigenen Empfindung aus das individuelle Leben der Tiere beurteilt. Damit ist der Ausgangspunkt der Betrachtung in unserem eigenen Körperbau und Leben gegeben und andrerseits von Anfang an eine vergleichende Beobachtung geboten, die sich naturgemäß auf das Nächstliegende zu beschränken hat.

Für die äußere Anordnung unserer Tierkunde war endlich noch die Rücksicht auf den Zweck der übrigen „naturwissenschaftlichen Elementarbücher" mitbestimmend, die nicht schlechtweg Schulbücher im gewöhnlichen Sinn, sondern Einleitung in die jeweilige Wissenschaft für jeden Anfänger sein wollen. Trotzdem mußte aber der Umfang unseres Bändchens gegen das übliche Maß verdoppelt werden, weil es nötig schien, die wichtigen Verschiedenheiten der Organisation und der Lebensweise durch alle großen Tierstämme hindurch zu beleuchten.

Die Holzschnitte sind sämtlich neu hergestellt, zum größten Teil nach Originalzeichnungen, zum kleineren Teil in freier Nachbildung nach Cuvier, Brehm, Altum, Taschenberg, Jäger u. a.

Straßburg, im Februar 1890.

A. Goette.

Vorwort zur zweiten Auflage.

Die Absicht, die mich bei der Abfassung der „Tierkunde“ leitete, hat zu meiner lebhaften Genugtuung manche Anerkennung gefunden. Den Beweis dafür liefert nicht nur, daß eine zweite Auflage dieses „Elementarbuchs“ nötig geworden ist, sondern auch der Umstand, daß die von mir befolgte Methode, vor allem „zu einer selbständigen Beobachtung und Beurteilung des uns umgebenden Tierlebens anzuleiten“, in der Folge auch in größere Lehrbücher für den zoologischen Schulunterricht Eingang gefunden hat. Auch bewegt sich die von zahlreichen Fachleuten öffentlich erörterte und gestellte Forderung, in jenem Unterricht der „Biologie“ die ihr gebührende bevorzugte Stellung einzuräumen, in derselben Richtung: es soll dem althergebrachten Schematismus ein Ende gemacht werden zugunsten der einzig richtigen lebendigen Auffassung der Lebewesen. Möge das vorliegende Elementarbuch auch in seiner zweiten Auflage seinen bescheidenen Teil daran haben.

Die mancherlei sachlichen Veränderungen dieser Auflage sind wesentlich dadurch bedingt, daß seither gewisse besserbegründete Auffassungen verschiedener Lebenserscheinungen an die Stelle der früheren getreten sind.

Straßburg, im März 1904.

A. Goette.

Inhaltsverzeichnis.

	Seite
Das Tier und die Pflanze, Lebewesen und leblose Körper	1
Die Merkmale des Tieres	3
Leben und Bau des Menschen	7
Die Muskelbewegung	10
Das Knochengerüst	12
Die Sinnesorgane und das Nervensystem	17
Die Atmung	22
Der Blutkreislauf	24
Die Ernährung	30
Zusammenfassung	31
Die Säugetiere	33
Bau und Leistung der Gliedmaßen und des Kopfes	34
Die Zahnbildung und die Ernährung	41
Die Behaarung	50
Zusammenfassung (Begriff der Säugetiere)	51
Die Affen	52
Die Raubtiere	53
Die Huftiere	55
Die Seehunde	59
Die Insektenfresser	59

Seite

Die Säugetiere (Fortsetzung)
Die Nagetiere 62
Die Fledermäuse 63
Die Waltiere 64
Die Vögel 66
Allgemeiner Körperbau und eigentümliche Lebensweise 68
Vögel und Säuger, — Wirbeltiere . . . 75
Raubvögel 75
Klettervögel 76
Sperlings- (Sing-) Vögel 77
Tauben, Hühner 78
Sumpf-, Schwimmvögel 79
Der Strauß 80
Die Kriechtiere 81
Eidechsen 81
Schlangen 89
Krokodile, Schildkröten 94
Die Lurche 97
Frösche und Verwandte 101
Molche 102
Die Fische 103
Zusammenfassung: höhere und niedere Tiere . . . 108
Die Insekten 112
Körperbau und Lebenserscheinungen . . . 116
Käfer 127
Heuschrecken, Libellen u. ä. 130
Wespen und Bienen 138
Fliegen und Mücken 145
Schnabelkerfe 149
Schmetterlinge 151
Die Ordnungen der Insekten 155
Gradflügler. 155
Netzflügler 156

Seite

Käfer 156
Hautflügler 156
Zweiflügler 157
Schnabelkerfe 157
Schmetterlinge 157
Allgemeine Lebensgeschichte der Insekten und ihre Bedeutung für die ganze Natur . 158

Die Spinnentiere 166

Die Tausendfüßer 172

Die Krebse 173

Vergleich der Gliederfüßer und Wirbeltiere . . 186

Die Weichtiere 189
Schnecken 190
Muscheln 196
Vergleichung derselben und die übrigen Weichtiere 204

Die Würmer 209
Ringelwürmer 215
Rundwürmer 218
Plattwürmer 219

Strahlig gebaute Tiere 220
Stachelhäuter 221
Nesseltiere 223
Schwämme 234

Urtiere 235

Tierkunde.

Es ist Herbst. Du durchschreitest den Wald; nichts regt sich. Da hörst du es rascheln und schaust hin: bewegt ein Windhauch das dürre Laub oder ist es ein Tier? Sobald du näher trittst, geht die Bewegung in Sätzen weiter, von einem Ast zum andern. Du sagst dir: es ist ein Tier, welches dich bemerkt hat und vor dir flieht. Und in der Tat erkennst du alsbald das flinke Eichhörnchen, das die Einsamkeit belebt.

Also bevor du es sahst, wußtest du, daß ein Tier die Ursache des Raschelns war; denn die Bewegung war offenbar eine schnell wechselnde, willkürliche und nach allem Anschein durch dein irgendwie bemerktes Nahen veranlaßt. Bemerken, d. h. durch das Auge oder Ohr bewußt empfinden und sich willkürlich, frei bewegen wie wir selbst, kann aber nur ein Tier; nicht dagegen die Pflanze, sowenig wie die Steine, zwischen denen sie wächst, oder die Luft, die sie umwogt, oder der Tautropfen, der sie benetzt. Fest und unbeweglich wurzeln die Bäume, zwischen denen du wandelst, im Boden, und vergeblich suchst du nach einem Zeichen, daß sie empfinden, so wie wir es von uns und den Tieren kennen. Dennoch nennen wir die Pflanzen lebende Wesen gleich den Tieren und uns selbst; Steine, Luft und Wasser aber leblose Dinge. Und der Grund dafür fällt dir gewiß bei deinem Gange durch die herbstliche Flur ein.

Die Blumen, die sie im Sommer bedeckten, sind verschwunden, abgestorben. Aus den verstreuten Samenkörnern jener Blumen entstehen aber im Frühling neue Pflänzchen; durch ihre Wurzeln saugen sie Wasser und darin aufgelöste Stoffe aus dem Boden, d. h. sie ernähren sich und wachsen, bis sie sich zur vollen Größe und Reife entwickelt und in ihren Blüten Samenkörner für einen künftigen Nachwuchs gebildet haben. Dann verfallen auch sie dem unvermeidlichen Tod, der Zerstörung und Auflösung in leblose Stoffe, in „Staub und Asche".

Mit dem erwachenden Pflanzenleben bringt uns der Lenz aber auch die Zugvögel wieder. Du siehst den dir wohlbekannten Fink sein Nest bauen; bald birgt es eine Anzahl kleiner Eier und in kurzer Zeit entdeckst du die aus ihnen ausgeschlüpfte Brut, siehst sie durch die Eltern gefüttert werden, heranwachsen, bis sie im Herbst vollentwickelt die Sommerheimat verläßt. Aber auch dem Tier schlägt, wie der Pflanze, früher oder später die Todesstunde, und jedes neue Geschlecht löst ein früheres ab.

Diese Entstehung durch Entwickelung, dieses Sich-Nähren, Wachsen und Vergehen nennen wir „Leben" und fassen daher uns selbst, die Tiere und Pflanzen als Lebewelt zusammen, gegenüber den leblosen Steinen, der Luft und dem Wasser. Denn diese entwickeln sich weder aus Samen oder Eiern, noch wachsen sie durch Ernährung, und verändern sich überhaupt nicht selbsttätig. Der Kieselstein, den der reißende Strom in seinem Bett dahinrollt und allmählich zu Sand zerreibt, stirbt nicht und der Sand entwickelt sich nicht, denn beide sind nach ihrem Inhalt dasselbe; und der Tautropfen auf dem Pflanzenblatt wächst nicht von innen heraus, sondern entsteht und vergrößert sich durch die äußerlich verursachte Verdichtung des Wasserdampfes in der Umgebung.

Unter den Lebewesen haben wir bereits Tiere und Pflanzen unterschieden: die Tiere haben Empfindung und freie Beweglichkeit gleich uns, die Pflanzen aber nicht. Die Tiere stehen uns daher viel näher. Dies weiß freilich jedermann; aber wir wollen uns auch bestimmte Rechenschaft darüber ablegen, wie wir zu diesem Urteil durch die einfachsten Beobachtungen kommen.

Von allen Tieren werden uns die Haustiere zuerst und am besten bekannt, und unter diesen besonders der Hund, der im Hause unsere Nähe sucht, auf unseren Ausgängen uns begleitet und durch sein lebendiges Wesen unsere Aufmerksamkeit beständig auf sich zieht. Wir sehen ihn draußen in rastloser, nur selten unterbrochener Bewegung; was geschieht denn dabei? — Sein Körper ruht auf vier Gliedmaßen, einem vorderen und einem hinteren Paar, deren Heben und Senken mit Biegung und Streckung ihn im Laufen vorwärts bewegt. Wir beobachten ferner, wie unser Hund von seinem geraden Lauf plötzlich ablenkt und einem zur Seite aufgeflogenen Schmetterling nachsetzt. Wir zweifeln nicht, daß er ihn gesehen hat: denn er folgt genau dem unstäten Flug des Falters, er wendet seinen Kopf stets nach diesem, und wir schließen, daß er mit seinen beiden Augen, die er gleich uns im Gesichte trägt, gerade so empfindet wie wir mit den unsrigen, d. h. die ihn umgebenden Gegenstände nach Form und Farbe unterscheidet, *sieht*.

Ebenso sicher erscheint es uns, daß er den gesehenen Schmetterling erhaschen wollte und daß folglich sein *Wille* alle die dazu nötigen Bewegungen der Gliedmaßen und des Kopfes kommandierte. Denn wir sind uns bewußt, daß unsere eigenen Körperbewegungen unter ähnlichen Umständen nur diesen Grund, unseren Willen, haben. *Und anders als durch unsere eigene Empfindung können wir über die unsichtbaren Vorgänge in den uns ähnlich gebildeten Tieren nichts erfahren.*

Dies zeigt sich auch bei der weiteren Beobachtung unseres Hundes. Wir rufen ihn — er kehrt um und kommt zu uns; wir sagen darauf, er höre mit seinen Ohren, weil unsere eigenen Handlungen in gleicher Lage auf dem beruhen, was wir unser *Gehör* nennen. So behaupten wir ferner, daß ihn nach der Nahrung, die wir ihm reichen, *hungert*, daß er sie *riecht* und *schmeckt*; daß er gierig aus der Lache trinkt, weil ihn dürstet. Und wenn er sich etwa durch Ungehorsam eine Strafe zuzieht, so halten wir uns überzeugt, daß sein Geheul auch wirklich die Schmerzempfindung kundgibt, die wir in ihm durch die Schläge hervorrufen wollten.

In ganz derselben Weise urteilen wir über das Leben der übrigen Haustiere und überhaupt aller Tiere, die in den angegebenen Beziehungen dem Hunde mehr oder weniger ähnlich sind. Überall entnehmen wir aus den ähnlichen Einrichtungen, dem ähnlichen Bau ihres und unseres eigenen Körpers, und aus den gleichen Handlungen bei gleicher Veranlassung, daß, was wir dabei als Empfindung und Willen in uns selbst fühlen, auch in den Tieren unsichtbar wirkt. Die Empfindung und die durch den Willen hervorgerufene freie Bewegung erkennt aber jedermann als die vorzüglichsten Merkmale des tierischen Lebens an; es ist daher nicht unwichtig, jederzeit dessen eingedenk zu sein, daß wir diese Merkmale unmittelbar nur aus unserem eigenen Bewußtsein schöpfen und erst dann auf die Tiere übertragen.

Auch sind wir an diese Beurteilung der Tiere so gewöhnt, daß wir sie auch dort anwenden, wo uns die gleichen Beobachtungen wie an unserem Hunde fehlen. An einem der häufigsten Mitbewohner unserer Häuser, der Stubenfliege, bemerken die meisten Menschen wohl nur die Bewegung und etwa das Naschen am Zucker und Brot oder einer Flüssigkeit. Dennoch zweifelt niemand daran, daß die Fliege als echtes Tier sich nach ihrem Willen bewegt und Licht und Schall emfindet, tastet, schmeckt und riecht. Und dasselbe setzen wir für den Käfer und den Schmetterling, für die Ameise und die Spinne, für die Wegschnecke und den Regenwurm, überhaupt für alle uns begegnenden Tiere voraus, auch wenn wir von ihnen nichts weiter wissen, als daß wir sie sich bewegen sehen.

Und in der Tat lehrt uns die Wissenschaft, daß sie insgesamt Einrichtungen ihres Körpers besitzen, um willkürliche Bewegungen auszuführen und Sinnesempfindungen zu erhalten, nur von einer ganz anderen Art, als wir es an uns und unseren Haustieren kennen lernten.

Eben dasselbe gilt von allen anderen Lebenstätigkeiten. So wissen wir, daß wir zur Unterhaltung des Lebens der Ernährung und der Atmung bedürfen. Dieselbe Notwendigkeit finden wir zwar leicht bei unseren Haustieren und anderen ähnlichen Tieren bestätigt; denn wir erkennen an ihnen ganz gleiche Werkzeuge und Organe für die Ernährung und Atmung, wie wir selbst sie besitzen. Der Stubenfliege fehlen aber ebenso die Lungen wie ein mit Zähnen besetzter Mund; wir sehen sie tatsächlich weder atmen noch in der uns allein bekannten Weise Nahrung durch ihren Mund aufnehmen. Dennoch behaupten wir die Anwesenheit dieser Tätigkeiten bei der Fliege, weil die Erfahrung an uns und den höheren Tieren ihre Notwendigkeit für jedes tierische Lebewesen im höchsten Grade wahrscheinlich macht. Endlich belehrt uns eine nähere Untersuchung und

Vergleichung, daß die Stubenfliege allerdings atmet und Nahrung aufnimmt, aber mit ganz anderen Organen und in ganz anderer Weise wie wir, sowie sie auch nur im allgemeinen ebenso fliegt wie ein Vogel, aber mit ganz anderen Flügeln wie dieser.

Wir finden also, daß die wichtigsten Lebenstätigkeiten: Bewegung, Empfindung, Ernährung, Atmung, durch die ganze Tierreihe verbreitet sind, aber von ganz verschiedenen Organen in sehr verschiedener Weise ausgeübt werden. Der Ausgangspunkt für ein Verständnis dieser Erscheinungen und somit des ganzen tierischen Lebens ist offenbar jene allgemeine Übereinstimmung, die wiederum in der Kenntnis unserer eigenen Lebenszustände und derjenigen der uns am nächsten stehenden Tiere am sichersten begründet ist. So veranlaßt uns die nächste und einfachste Überlegung, mit einer Untersuchung eben dieser Zustände zu beginnen.

Leben und Bau des Menschen.

Unser Körper gliedert sich in den Kopf, den Rumpf und die Gliedmaßen. Der Kopf mit den Augen, Ohren, der Nase und der Zunge einerseits und dem Hirn andererseits dient vorherrschend der Empfindung; der Mund bildet den Eingang zu den Ernährungs- und Atemorganen*), die den Rumpf füllen, während

*) Der gewöhnliche Zugang der Luft zu den Atemorganen sind jedoch die beiden Nasenhöhlen.

die Gliedmaßen ausschließlich für Bewegungen eingerichtet sind. — Den ganzen Körper überzieht die teilweise behaarte Oberhaut.

Am Kopf, Rumpf und an den Gliedmaßen sind die rechte und linke Hälfte einander gleich gebildet. Daher sind die Einzelteile unseres Körpers entweder doppelt vorhanden (Augen, Ohren, Arme, Beine) oder die einfachen unter ihnen (Nase, Mund) wie der ganze Körper aus gleichen Hälften zusammengesetzt.

Dieselbe Erscheinung wiederholt sich bei den meisten Tieren und erstreckt sich auch auf den inneren Bau unseres und ihres Körpers. Nur ist jene Gleichheit beider Hälften eine solche, daß rechts und links sich geradeso umgekehrt zu einander verhalten wie ein beliebiger Gegenstand und sein Spiegelbild. Das nächstliegende Beispiel dafür sind unsere beiden Hände, und am leichtesten versteht man diesen Unterschied, wenn man sich seine Handschuhe anzieht. Denn diese sind einander gleich wie unsere beiden Hände und decken sich deshalb nicht vollkommen: der eine paßt nur an die rechte, der andere nur an die linke Hand. Eine solche Gleichheit heißt eine spiegelbildliche; und wir merken uns dies, weil gewisse, freilich weniger bekannte Tiere einen solchen „zweihälftigen" Körper, wie er eben beschrieben wurde, nicht besitzen.

Die gewöhnlichste, äußerlich wahrnehmbare Tätigkeit des menschlichen Körpers ist seine Bewegung, die sich zumeist an den Gliedmaßen äußert. Wir wissen auch ganz genau, daß, wenn wir den Unterarm (vom Ellenbogen abwärts) gegen den Oberarm (vom

Ellenbogen bis zur Schulter) biegen, dies ohne eine äußere Kraft und Hilfe, nur auf den Wink unseres Willens hin, selbsttätig geschieht. Um also diese Bewegung zu verstehen, so wie wir eine außerhalb unseres Körpers erfolgende Bewegung, z. B. eines durch einen Hebel gehobenen Steines verstehen lernen, müssen wir die innere Einrichtung unseres Armes kennen lernen, welche jene seine Bewegung hervorruft.

Denselben Hinweis auf das Innere erhalten wir, sobald wir unsere Aufmerksamkeit anderen Tätigkeiten unseres Körpers zuwenden. Jedermann weiß, daß zur Unterhaltung seines Lebens das ununterbrochene Atmen und nach gewissen Zeiträumen die Aufnahme von Nahrung unumgänglich nötig ist; daß eine Unterbrechung des ersteren den Erstickungstod, eine längere Entbehrung der Nahrung den Hungertod herbeiführt. Er weiß auch, daß beim Atmen Luft durch Nase und Mund eingezogen und wieder ausgestoßen, von der aufgenommenen Nahrung aber nur ein unbrauchbarer Teil wieder ausgeschieden wird. Diese Tatsachen geben uns aber nicht die geringste Vorstellung davon, worin Atmung und Ernährung bestehen; um nun auf diese Frage eine Antwort zu erhalten, muß ebenfalls der innere Bau und die innere Tätigkeit unseres Körpers untersucht werden. Ebenso verhält es sich mit den Empfindungen durch das Auge, Ohr usw. Kurz, um eine gewisse Einsicht in den Betrieb unseres eigenen Lebens zu gewinnen, dürfen wir an der Außenseite unseres Körpers nicht stehen bleiben, sondern müssen einen Einblick in sein Inneres, in seinen „Bau“ und die Tätigkeit der einzelnen Bauteile zu gewinnen suchen.

Wenn wir unsern Arm betasten, fühlen wir, daß unter der Haut eine straffe, aber nachgiebige Masse sich befindet, welche wir das Fleisch nennen; durch dieses hindurch und an einigen Stellen unmittelbar unter der Haut fühlen wir die Knochen. Um uns diese Teile zu veranschaulichen, streifen wir einem toten Kaninchen oder ähnlichen Tier die Haut von einem seiner Beine ab. Dann sehen wir das rötliche Fleisch nicht als eine zusammenhängende Masse, sondern in viele kleinere und größere, dickere und dünnere Stränge verteilt, deren verjüngte Enden in die weißlichen, glänzenden Sehnen auslaufen.

Jeder dieser Fleischstränge oder Muskeln ist mit seinen beiden Sehnen an zwei gegeneinander verstellbare Knochen befestigt, so z. B. der stärkste an unserem Oberarm hinlaufende Muskel an die Knochen der Schulter und des Unterarms (Fig. 1). Bei jeder Bewegung, etwa bei der schon bezeichneten Biegung des Unterarms gegen den Oberarm und die Schulter, ziehen sich die zwischen denselben ausgespannten Muskel zusammen, werden kürzer und dicker und nähern dadurch die mit ihren Enden verbundenen Knochen nebst allen sie umgebenden Weichteilen einander. Diese Zusammenziehung können wir leicht an der Schwellung unseres Oberarmes erkennen. Sie wirkt also ebenso auf den Unterarm, wie die angezogene Kette einer Falltür oder einer Zugbrücke auf diese. Während aber im letzteren Falle die hebende Kette von einer äußeren Kraft in Bewegung gesetzt werden muß, steckt bei dem hebenden Muskel die nötige Kraft in ihm selbst, in seiner Fähigkeit, sich selbsttätig zu verkürzen.

Überall, wo Bewegungen an unserem Körper vorkommen, an den Gliedmaßen bis an die letzten Finger-

Fig. 1.

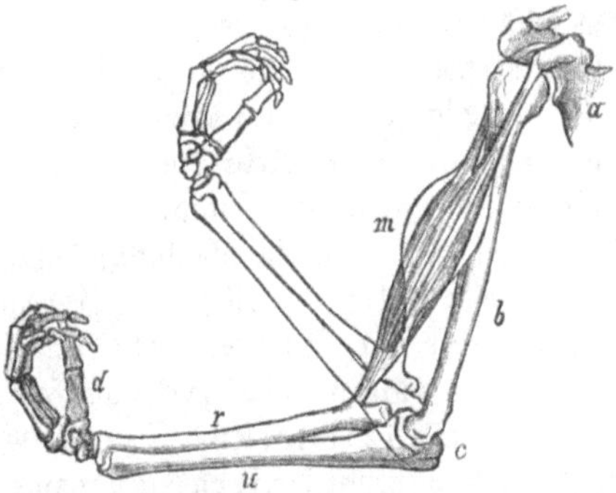

Schulterblatt (a), Oberarmknochen (b), Elle (u), Speiche (r), Ellenbogengelenk (c), Hand (d), zweiköpfiger Muskel (m) des rechten menschlichen Arms von innen gesehen. Die Beugung des Unterarms und die Verkürzung und Schwellung des Muskels ist im Umriß angedeutet.

und Zehenglieder, im Gesicht und am Unterkiefer, bei allen Biegungen des Halses und des übrigen Rumpfes, bei dem Schlag des Herzens sind Muskeln tätig. Wo sie Knochen gegeneinander bewegen, sind die zusammenstoßenden Enden derselben mit runden Kuppen und Vertiefungen ineinandergepaßt und durch sehnige Bänder in dieser Lage gesichert (Gelenke), so daß stets auf den gleichen Muskelzug eine gleiche Bewegung folgt. Nur durch starke äußere Gewalt, durch Fall und Stoß, werden die Gelenkenden der Knochen aus ihrer Lage verschoben, „verrenkt“.

Um nun eine etwas bestimmtere Vorstellung von dem ganzen Bewegungsapparat unseres Körpers zu erhalten, genügt es, sein zusammenhängendes Knochengerüst oder Skelett zu studieren, weil schon aus den Gelenken und Verbindungen der einzelnen Knochen die Art ihrer Bewegung und daher diejenige des ganzen Körperteils sich erraten läßt, auch ohne daß man alle zugehörigen Muskeln kennen lernt.

Beginnen wir unsere Untersuchung mit dem Arm (Fig. 1, 2, Titelbild). Der einfache lange Knochen des Oberarms gelenkt oben mit allseitiger Beweglichkeit am Knochengerüst der Schulter, das sich sowohl nach dem Rücken (Schulterblatt), wie gegen die Brust erstreckt (Schlüsselbein). Der am Ellenbogengelenk beginnende Unterarm hat zwei lange Knochen, an der Daumenseite die Speiche, gegenüber die Elle; im Handgelenk sind mehrere kleine Knochen miteinander verbunden (Handwurzel), an diese schließt sich die Mittelhand, die in die fünf mehrgelenkigen Finger ausläuft. Das Ellenbogengelenk gestattet nur eine Winkelbiegung des Unterarms gegen den Oberarm, so daß die Beuge nach vorn, der Ellenbogen nach hinten sieht. An ihrem unteren Ende, gegen die Hand hin, können sich aber Elle und Speiche umeinander drehen, so daß die angeschlossene Hand dieselbe Bewegung mitmachen kann. Die Bewegungen der Finger sind sehr ausgiebige, am wichtigsten ist aber, daß der Daumen den übrigen Fingern entgegengestellt und mit ihnen ringförmig zusammengeschlossen werden kann.

Am Bein sind die Knochen ähnlich beschaffen. Der Oberschenkelknochen wird im Hüftgelenk von dem Beckengerüst getragen und stößt im Kniegelenk (mit nach hinten gerichteter Beuge) mit den zwei Knochen des Unterschenkels (das Schienbein, nach außen davon das Wadenbein) zusammen, worauf die Fußwurzel, der Mittelfuß und die kurzen Zehen folgen. Bekanntlich treten wir mit der Beugeseite des ganzen Fußes oder der sogenannten Sohle auf, wobei aber nur die Ferse der Fußwurzel und die Enden des Mittelfußes wie die Pfeiler einer Brücke unmittelbar aufliegen; die dazwischen liegende Wölbung des Mittelfußes und der Fußwurzel, einem Brückenbogen vergleichbar, erhöht die Elastizität und die Tragfähigkeit des ganzen Fußes.

Wenn wir am Skelett den Ansatz der Gliedmaßen an den Rumpf betrachten, so bemerken wir sofort, daß sie dort keine Fortsetzung ins Innere hinein haben, sondern daß das die Arme tragende Schultergerüst und das die Beine tragende Becken den Rumpf gürtelförmig umgreifen. Dies hängt damit zusammen, daß der letztere vom Halse abwärts Höhlen für die Aufnahme der verschiedensten Eingeweide und nur in seiner Wand Knochen und Muskeln enthält. In der Hinterwand unseres Rumpfes oder im Rücken fühlen wir leicht das in seiner Mittellinie verlaufende Rückgrat

Fig. 3.

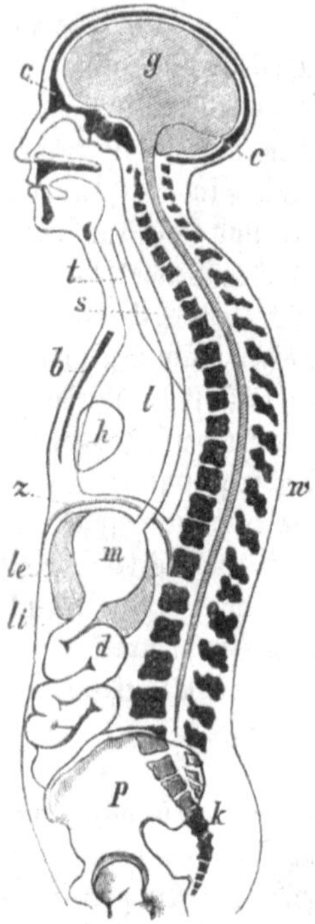

Schematischer Durchschnitt in der Mittelebene des menschlichen Körpers; b Brustbein, c Hirnschädel, d Darm, g Gehirn, h Herz, k Kreuzbein, l Lunge, le Leber, li Leibeshöhle, m Magen, p Becken (von der Seite gesehen), s Speiseröhre, t Luftröhre, w Rückgrat mit dem Wirbelkanal und der Wirbelsäule, z Zwerchfell.

Fig. 4.

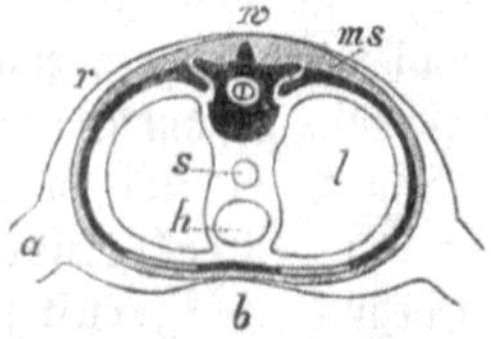

Schematischer Querdurchschnitt durch die Brustgegend des Menschen; a Armansatz, b Brustbein, r Rippe, w Wirbel (alle drei schwarz), ms Rumpfmuskeln, l Lunge, s Speiseröhre, h Herz.

(Fig. 2, 3). Es besteht aus einer größeren Anzahl von gleichen Knochen, die so gebildet sind wie etwa ein Siegelring, dessen Platte in eine dicke aufrecht stehende Scheibe verwandelt wäre. Man denke sich nun diese Knochenringe oder *Wirbel* (Fig. 3, 4) so aneinander gereiht, wie mehrere an einen Finger gesteckte Ringe, dann bilden natürlich die aneinander stoßenden Scheiben eine gegliederte Säule (*Wirbelsäule*), die aufeinander folgenden Reife einen durchbrochenen Kanal

(Wirbelkanal). Was wir durch unsere Rückenhaut hindurch von unserem Rückgrat fühlen, sind höckrige Auswüchse jener Reife.

So wie die Knochen des Armes und des Beins sind die Wirbel durch Gelenke miteinander beweglich verbunden; die Beweglichkeit des einzelnen Wirbels ist aber gering zugunsten einer strafferen Verbindung, wodurch das ganze Rückgrat vom Kopf bis zum Becken sich ebenso elastisch biegen, wie beim Anziehen aller seiner Muskeln — gleich einem von seinen Tauen allseitig gehaltenen Mastbaum — zur festen Stütze des ganzen Rumpfes werden kann. — Am unteren Ende, wo es zwischen die Beckenhälften eingekeilt ist, sind die Wirbel miteinander zum Kreuzbein verschmolzen (Fig. 3).

Die Seiten- und Vorderwand des Rumpfes ist nur in der Brustgegend ebenfalls durch Knochen, nämlich die Rippen, gestützt, die vom Rückgrat bis vorn zum schmalen Brustbein stark gebogen verlaufen und so einen schützenden „Brustkorb" um die im Innern eingeschlossenen Organe (Lungen, Herz) herstellen (Fig. 2, 4). Die untere Rumpfhälfte aber, der Bauch, ist seitlich und vorn nur von einer muskulösen Wand umschlossen. Die Bewegungen dieser ganzen Rumpfwand sehen wir beim Atmen, wenn die Brust sich hebt und senkt, und der Bauch sich in ähnlicher Weise verändert.

Der Hals unterscheidet sich dadurch vom übrigen Rumpfe, daß er nur wenige Eingeweide (Luft-, Speiseröhre) enthält (Fig. 3), welche statt in einer Höhle zu liegen, unmittelbar von massigen Bewegungsorganen umschlossen werden, hinten von dem zugehörigen Abschnitt des Rückgrates und seitlich von den dicken Muskeln, die den Kopf zu bewegen und andererseits aufrecht zu erhalten haben. Sobald daher diese ihre Wirkung auch nur etwas nachläßt, während unser Körper sich noch aufrecht befindet, z. B. wenn wir in einem Sessel ruhen und der herannahende Schlaf die Spannung jener Muskeln löst, sinkt der Kopf vornüber auf die Brust.

Wenn wir unsern Kopf betasten, stoßen wir überall auf Knochen, und dennoch sind die an ihm selbst wahrnehmbaren Bewegungen sehr beschränkt. Woher kommt dies? — Weil die Knochen dort eine andere Aufgabe haben, als im übrigen Körper, nämlich wesentlich als äußerer Schutz für zarte innere Teile dienen und daher fester zusammenhängen, weniger beweglich sind.

Wir sehen freilich im Gesicht die Augäpfel und die Augenlider, die Nasenflügel, Lippen und Wangen sich bewegen; diese geringfügigen Bewegungen spielen aber nur an der Oberfläche, während das eigentliche Knochengerüst sich nicht rührt. Die einzige ausgiebige Bewegung im Gesichtsteil des Kopfes führt der Unterkiefer aus, indem er sich senkt und gegen den Oberkiefer hebt.

Um so starrer erscheint der übrige, obere und hintere Teil des Kopfes mit Stirn und Schläfen, Scheitel und Hinterhaupt. Seine flachen Knochen fügen sich zu einer festen, nur von der Haut überzogenen Kapsel zusammen, dem Hirnschädel (Fig. 2, 7), der mit einer größeren Öffnung dem oberen offenen

Ende des Winkelkanals aufsitzt, so daß dieser unmittelbar in die Schädelhöhle mündet (Fig. 3). Daher kann auch der Inhalt beider Räume, das den Schädel ausfüllende Hirn und das den Wirbelkanal durchziehende Rückenmark, unmittelbar zusammenhängen; beide bilden eigentlich nur ein Organ, dessen weiche Nervenmasse durch die umgebenden Knochen geschützt wird.

Dasselbe geschieht mit dem Gehörorgan oder inneren Ohr, das tief in den Schädelgrund eingesenkt ist, mit dem in die knöcherne Augenhöhle eingebetteten Sehorgan und dem ganz von Knochen und Knorpeln überdeckten Geruchsorgan (Nase). Auch die Mundhöhle mit der schmeckenden Zunge wird von den bezahnten, aufeinander passenden Kieferknochen umschlossen.

In dem Maße also, als die Muskelbewegung im Kopfe zurücktritt, wird er zum Hauptsitz der Empfindung. Druck und Wärme fühlen wir freilich an der ganzen Körperoberfläche, aber die übrigen Sinne, Gesicht und Gehör, Geruch und Geschmack sind auf besondere Organe am Kopfe beschränkt. Was wir infolge unserer Empfindungen verlangen und wollen, das führen die Bewegungswerkzeuge aus; was der Kopf will, das tun die gehorsamen Glieder. Wie geht nun das eigentlich vor sich?

Es scheint uns nichts natürlicher als dieser Zusammenhang, weil wir nach unserer Erfahrung es nicht anders kennen. Wir wollen aber suchen, diese Vorgänge wirklich zu verstehen.

Du siehst mit dem Auge und hörst mit dem Ohr, wie dich hundertfältige Erfahrung lehrt. Wenn du aber in Schlaf oder auch nur in tiefes Nachdenken verfällst, so gewahrst du nicht, was in deinem Auge und Ohr vorgeht, und was du vorher Sehen und Hören nanntest. Du mußt also, um wirklich zu sehen und zu hören, auf die Vorgänge im Auge und Ohr achten, derselben bewußt werden. Das Bewußtsein hat aber seinen Sitz im Hirn, wie wir selbst fühlen, unmittelbar hinter der Stirn; dort entsteht also die bewußte Empfindung, und das Auge, das Ohr sind nur die dazu nötigen Werkzeuge — Sinneswerkzeuge.

Wenn du einen entfernten Gegenstand mit deinem bloßen Auge nicht mehr erkennst, vermagst du es doch mit einem Fernrohr, das durch seine innere Einrichtung ein sichtbares Bild jenes Gegenstandes in deinem Auge entwirft. Genau so nimmt das letztere immerfort Bilder von den ihm erreichbaren beleuchteten Gegenständen auf; nennst du also das Fernrohr ein optisches (auf das Sehen sich beziehendes) Instrument, so ist auch dein Auge ein optisches Instrument deines Körpers, ohne das du nichts sehen kannst. Es sieht aber die aufgenommenen Bilder nicht selbst, sondern teilt sie nur deinem Bewußtsein mit.

Dieselbe Rolle spielen alle übrigen Sinnesorgane, die winzigen Tastkörperchen in unserer Haut so gut wie die Riechkörperchen in unserer Nase, die Geschmackskörperchen auf unserer Zunge und endlich das verwickelt gebaute innere Ohr*). Sie sind gleich dem Auge, das nur für Licht empfindlich ist, so eingerichtet, daß sie nur durch bestimmte Reize eigentümlich erregt werden; das innere Ohr nur durch die Schallwellen der Luft, die Geschmacks- und Geruchsorgane durch chemisch wirksame Substanzen, die Haut durch Druck und Wärme. Und diese Erregungen müssen, um richtig empfunden zu werden, dem Bewußtsein zugeführt werden. Folglich müssen zwischen allen Sinnesorganen und dem Sitz des Bewußtseins, dem Hirn, besondere Verbindungen bestehen. Dies sind die Nerven, die wir an einem zerlegten Tier als weiße, aus feinsten Fäden zusammengesetzte Stränge nicht nur direkt zum Hirn, sondern im Rumpfe vorherrschend zum Rückenmark verlaufen sehen, um durch dieses hindurch in das Hirn zu gelangen.

In das Rückenmark treten die Nerven zwischen den einzelnen Wirbelringen, in das Hirn durch besondere Öffnungen der knöchernen Hirnkapsel ein. Verfolgen wir sie in ihrem Verlauf durch den übrigen Körper, so sehen wir sie in allen Teilen desselben als feinste Fädchen beginnen, die auf ihrem Wege zum Hirn und Rückenmark zu immer dickeren Strängen zusammenlaufen. Diejenigen Nerven, die auf diese Weise die ganze empfindende Körperoberfläche und alle besonderen Sinnesorgane des Kopfes mit dem Hirn verbinden, heißen die Sinnes- oder Empfindungsnerven.

*) Einiger Aufschluß über den inneren Bau des Auges und des Ohrs wird später gegeben werden.

Was in den Empfindungsnerven eigentlich vorgeht, indem sie den Sinnesreiz zur Zentralstelle des Nervensystems (zentripetal) leiten, wissen wir um so weniger, als ein jeder von ihnen, wie wir sehen, nur für eine Art von Tätigkeit eingerichtet ist: die Tastnerven nur für die Unterscheidung von weich und hart, heiß und kalt, die Sehnerven nur für die Unterscheidung verschiedenen Lichts usw. Eher gelingt es, sich eine Vorstellung zu bilden von der Tätigkeit einer zweiten Art von Nerven, die mit den Empfindungsnerven zusammenlaufen, aber nicht von den Sinnesorganen herkommen, sondern mit ihren äußersten Fädchen an die Fasern aller Muskeln des Körpers angeheftet sind — die Muskel- oder Bewegungsnerven.

Wir wissen, daß unsere Körperbewegungen durch selbsttätige Verkürzungen der Muskeln hervorgerufen werden, und daß der Anstoß dazu von unserem Willen ausgeht, der gerade so wie die Empfindung seinen Sitz im Hirn hat. Es muß also besondere Wege geben, auf denen der Wille seine Befehle den Muskeln übermittelt, und solche Bahnen sind die Bewegungsnerven. Nun kennen wir aber auch eine mechanische Vorrichtung, bei der ein an einem Ende einer langen Leitung aufgegebener Befehl durch die letztere bis an das andere Ende fortgeleitet und dort ausgeführt wird, d. h. in eine entsprechende Bewegung umgesetzt wird, — es ist der elektrische Telegraph. Der durch den Willen aufgegebene und durch die Bewegungsnerven bis zum Muskel fortgeführte Bewegungsreiz ist also dem elektrischen Strom im Telegraphendraht zu vergleichen; so wie dieser auf der Endstation eine kleine Bewegung hervorruft, tut es auch der Nervenstrang in seiner Endstation, der Muskelfaser, und die vielen in einem Muskel sich zusammenziehenden Fasern bringen dann die Wirkung hervor, welche wir die selbsttätige Bewegung nennen.

Dieser Vergleich erscheint dadurch noch zutreffender, daß wir den vom Willen ausgehenden Nervenstrom durch einen künstlichen elektrischen Strom ersetzen können; wenn wir einen solchen in unsern Körper dort eintreten lassen, wo dicht unter der Haut Bewegungsnerven verlaufen, sodaß diese genügend von jenem Strom getroffen werden, treten von unserem Willen unabhängige Zusammenziehungen der von ihnen versorgten Muskeln ein.

So haben wir also in unsern Bewegungsnerven einen Apparat zur Fortleitung von Reizen, ähnlich wie in den Empfindungsnerven, doch mit dem Unterschied, daß diese „zentripetal", die Bewegungsnerven aber umgekehrt „zentrifugal" leiten. Die äußeren Reize, die unsere Sinne treffen, werden zum Hirn geleitet und dort in Empfindungen umgesetzt; eben dort entsteht der Wille, dessen Anstoß, den Muskeln übermittelt, sie und damit ganze Körperteile in Bewegung versetzt. Ferner lehrt uns einiges Nachdenken, daß der Wille unmittelbar oder mittelbar durch Empfindungen erregt wird. Sind diese uns unangenehm, so erregen sie den Willen, ihren Grund durch passende Bewegungen zu beseitigen, angenehme Empfindungen veranlassen uns dagegen zu Handlungen, die ihre Fortdauer sichern.

Wenn uns ein Licht blendet, schließen wir die Augenlider oder wenden uns ab und gegen unangenehme, störende Töne halten wir uns die Ohren zu. Erblicken wir dagegen in der Finsternis ein willkommenes Licht, so gehen wir ihm entgegen und folgen ebenso einem lockenden Ton.

Der Zusammenhang von Empfindung und Bewegung beruht, wie wir jetzt wissen, auf dem Zusammenhange des sie vermittelnden Nervensystems; und beides, das Nervensystem und jene seine beiden Tätigkeiten, sind wiederum die wichtigsten Merkmale, welche das Tier vor den Pflanzen auszeichnen.

Wir leben aber nicht nur von Empfindung und willkürlicher Bewegung; zur Erhaltung des Lebens sind noch andere Vorgänge in unserem Körper unentbehrlich, z. T. in höherem Maße als die erstgenannten. Empfindung und willkürliche Bewegung pausieren schon im wachen Zustande, noch vollständiger und länger während des Schlafes. Was du aber an dir und andern Menschen im Schlafen und Wachen ununterbrochen fortdauern siehst, ist die Atmung, und daß sie nur für wenige Minuten unterdrückt werden kann, ohne den Tod herbeizuführen, wissen wir u. a. aus den traurigen Unglücksfällen, wo Menschen ertrinken, d. h. infolge der im Wasser unterbrochenen Atmung ersticken.

Zur normalen und zweckdienlichen Atmung gehört aber nicht nur, daß wir Luft in uns einsaugen und wieder ausstoßen, sondern die eingeatmete Luft muß auch eine bestimmte Zusammensetzung, namentlich einen bestimmten Gehalt an dem sogenannten Sauerstoffgas haben. Sobald dieses durch andere Gase aus der uns umgebenden Luft mehr oder weniger verdrängt wird, kann ebenfalls der Erstickungstod eintreten, wie es leider nur zu häufig dadurch geschieht, daß das den Öfen entströmende Kohlenoxydgas die Wohnräume unmerklich erfüllt. Wir atmen also, ziehen die Luft in uns ein, um Sauerstoff zu erhalten; und wenn wir die ausgeatmete Luft untersuchen, finden wir in der Tat, daß ein Teil desselben verschwunden, im Körper zurückgeblieben und durch ein anderes Gas, die Kohlensäure ersetzt ist, die also aus dem Körper ausgeschieden wird.

Um nun zu erfahren, was der Sauerstoff in unserem Körper bewirkt, müssen wir erst wissen, wohin er gelangt. Durch Mund und Nase ziehen wir die Luft ein; in der Tiefe der Mundhöhle gelangt sie in einen von festen Wänden gebildeten Gang, den Kehlkopf und die sich anschließende Luftröhre, die beide wir an der Vorderseite des Halses leicht fühlen. In der Brust angelangt, teilt sich die Luftröhre in zwei Äste, deren jeder in eine von beiden Lungen eintritt, die links und rechts die Brusthöhle ausfüllen (Fig. 3, 4). Die Lungen sind weiche, von den zahlreichen Verzweigungen und den bläschenförmigen Enden der Luftröhrenäste (Lungenbläschen) durchsetzte Körper, die daher eine ansehnliche Menge Luft in sich aufnehmen können. Durch die Zusammenziehung des Brustkorbes werden die Lungen zusammengedrückt und ein Teil ihres Luftinhalts durch die Luftröhre und den Kehlkopf hinausgetrieben, ausgeatmet. Sobald aber der Brustkorb sich wieder erweitert und dadurch den elastischen Lungen Spielraum zur Ausdehnung gibt, dringt neue Luft in sie ein, soweit es der Brustraum gestattet, — es wird Luft eingeatmet. Dieses Eindringen der Luft beruht auf demselben physikalischen Gesetz, wonach eine ins Wasser eingesenkte Spritze sich mit diesem in dem gleichen Maße anfüllt, als durch den herausgezogenen Kolben dafür Raum geschaffen wird.

Die Luft bleibt aber in den Lungen, wie wir sahen, nicht unverändert. Sie werden von blutführenden Röhren, den Blutgefäßen, allseitig durchzogen; es treten starke, das Blut zuführende Gefäße (Arterien) in sie hinein, verzweigen sich bis zu feinsten Röhrchen (Haargefäße), welche die zartwandigen Lungenbläschen ganz dicht umspinnen, und dann wieder zu immer stärker werdenden, das Blut abführenden Gefäßen (Venen) zusammenfließen (Fig. 5). Die Lungenarterien führen nur kohlensäurereiches Blut in die Haargefäße der Lungen ein, sodaß nur die außerordentlich dünne Wand der Lungenbläschen die zwei verschiedenen Gase trennt: die Kohlensäure des Blutes in den Gefäßen und den Sauerstoff der eingeatmeten Luft im Blasenraum. Unter solchen Umständen findet aber nach bekannten physikalischen Gesetzen ein Austausch der zwei Gase durch die dünne trennende Wand statt: die Kohlensäure entweicht in die Lungenluft und wird dann ausgeatmet, der Sauerstoff aber dringt in das Blut der Haargefäße ein und wird mit diesem durch die Venen fortgeführt.

Fig. 5.

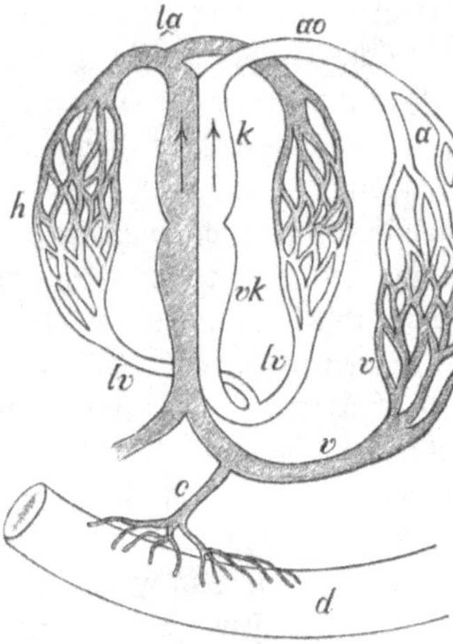

Schema vom Blutkreislauf des Menschen; die rechte Herzhälfte und ihre Gefäße sind schraffiert, die linke Herzhälfte und ihre Gefäße weiß; vk Vorkammer, k Kammer des Herzens, la Lungenarterie, h Haargefäße der Lungen, lv Lungenvenen, ao Aorta, a Arterien des Körpers, ebenfalls durch Haargefäße mit den Körpervenen v verbunden, c Gefäße der Nahrungsflüssigkeit, d Darm. Die Pfeile zeigen die Richtung des Blutstroms.

Dieser Gasaustausch findet ununterbrochen statt, solange das Atmen und der Blutlauf durch die Lungen dauert, und wir können jetzt statt: das Atmen ist unentbehrlich — sagen: die fortdauernde Einführung von Sauerstoff in unser Blut und die

Ausführung der Kohlensäure aus dem Blut ist unentbehrlich.

Der Zweck dieses Gasaustausches versteht sich aber erst aus der Kenntnis des übrigen Blutkreislaufs (Fig. 5). An einem getöteten und eröffneten Kaninchen oder ähnlichen Tier erkennen wir, daß die Lungenvenen, welche das sauerstoffreiche Blut führen, sich in das Herz ergießen, das zwischen beiden Lungen vorn in der Brust liegt (Fig. 3, 4). Das Herz ist ein muskulöser Schlauch, der durch eine Längsscheidewand in zwei voneinander vollkommen abgeschlossene Hälften geteilt ist. Jede Hälfte besteht aus zwei Abteilungen, einer Vorkammer und einer Kammer (Fig. 5). Die Lungenvenen münden in die Vorkammer der linken Herzhälfte; aus der Vorkammer strömt das Blut in die linke Kammer und aus dieser in ein starkes Gefäß, die Aorta, deren Verzweigungen sich durch den ganzen Körper verbreiten und in das Haargefäßnetz auslaufen, das die kleinsten Teile aller Organe umspinnt und durchsetzt. Die aus dem Haargefäßnetz zusammenfließenden Körpervenen sammeln sich in einige starke Stämme, die in die Vorkammer der rechten Herzhälfte münden. Von dort fließt das Blut in die rechte Kammer und dann durch die Lungenarterie und ihre Äste wieder in die Lunge, worauf der Blutkreislauf durch den ganzen Körper vollendet ist.

Auf diesem ganzen Wege ist das Blut in beständiger, schneller Strömung. Das können wir freilich an uns selbst nicht sehen, weil wir keinen durchsichtigen Körperteil besitzen. Wenn wir aber die durchsichtige Schwimmhaut eines lebenden Frosches unter ein Vergrößerungsglas bringen, erkennen wir die schnelle Bewegung der roten Blutflüssigkeit namentlich an den zahllosen runden Blutkörperchen, die in derselben schwimmen. In dieser Bewegung wird aber das Blut durch die Zusammenziehungen des muskulösen Herzens erhalten. Während beide Kammern durch ihre Zusammenziehung das in ihnen enthaltene Blut rechts in die Lungenarterie, links in die Aorta treiben, erweitern sich beide Vorkammern und nehmen das ihnen zuströmende Blut auf: rechts aus den Körpervenen, links aus den Lungenvenen. Indem dann die entleerten Kammern sich erweitern, füllen sie sich mit dem Blut, das die nunmehr sich zusammenziehenden Vorkammern ausstoßen. Diese rhythmisch aufeinanderfolgenden Zusammenziehungen des Herzens fühlen wir an uns selbst als „Herzschlag". Er erfolgt aber nicht wie andere Muskelbewegungen durch unseren Willen, sondern vollkommen unabhängig davon, so daß unser Wille nicht einmal imstande ist, ihn zu unterdrücken. Auch das Atmen erfolgt im Schlafe unwillkürlich, ist aber während des Wachens unserem Willen unterworfen.

Im Anfange des beschriebenen Kreislaufs, d. h. beim Austritt aus der Lunge ist das Blut, wie wir fanden, sauerstoffreich, und wie an geschlachteten Tieren zu sehen ist, hellrot. So bleibt es auch in der Aorta und ihren Ästen und Zweigen bis zum Übergang in die Haargefäße. Sobald es aber aus diesen in die Körpervenen übergeht, erscheint es dunkel, schwärzlichrot und ist mit Kohlensäure überladen, die es später in den Lungen ausscheidet. In jenen Haargefäßen ist also der umgekehrte Gasaustausch wie in den Lungen vor sich gegangen und ihr Blut hat den Sauerstoff an die von ihnen durchsetzten und umsponnenen Körperteile abgegeben und von ihnen Kohlensäure empfangen. In allen diesen von Blut durchströmten Körperteilen, Knochen und Muskeln, Nerven und Eingeweiden usw., wird der Sauerstoff ferner wirklich verbraucht, mit ihnen chemisch verbunden und dafür Kohlensäure abgegeben. Solche Vorgänge nennen wir aber Verbrennung, auch wenn keine Lichterscheinung damit verbunden ist. Eine andere Wirkung der Verbrennung, nämlich Wärmeentwickelung, geht aber mit der ständigen Verbrennung unseres Körpers in der Tat Hand in Hand und ist bekanntlich durch das Thermometer selbst an unserer Körperoberfläche nachweisbar. Diese unsere Eigenwärme von einer ganz bestimmten Höhe ist aber eine der wichtigsten Bedingungen für die Leistungsfähigkeit unserer Muskeln, Nerven u. s. w. und folglich für unser ganzes Leben. Wirklich und vollständig erkalten heißt sterben, gerade so wie andauernde hohe Fieberhitze den Tod herbeiführt.

Der letzte Zweck der Atmung ist also die Erhaltung der für das übrige Leben notwendigen Eigenwärme.

Diese notwendige Verbrennung verbraucht aber die lebenstätigen Teile unseres Körpers, d. h. sie verwandelt sie in nicht mehr leistungsfähige Stoffe; gerade so wie die Verbrennung des Holzes dasselbe in Asche verwandelt, welche die Fähigkeiten des Holzes nicht mehr hat. Andererseits zersetzt auch die Tätigkeit selbst unserer Muskeln, Nerven usw. sie in ähnlicher Weise, ungefähr so wie unsere künstlichen Werkzeuge durch Gebrauch abgenutzt, „verbraucht" werden. Folglich verlangen alle Körperteile, wenn sie leistungsfähig bleiben sollen einen immerwährenden Ersatz ihrer Verluste (Stoffwechsel). Und diesen besorgt ebenfalls das Blut, indem es nicht nur aus den Lungen Sauerstoff, sondern auch vom Darm her Nahrung, d. h. jenen Ersatz herbeischafft und allen Körperteilen zuführt (Fig. 5c). Ja — das Blut ist eben „ein besonderer Saft" —, auch damit ist seine Tätigkeit nicht erschöpft. Für die Nahrung, die es überall austeilt, empfängt es nicht nur die schon genannte Kohlensäure, sondern auch alle übrigen unbrauchbaren Zersetzungsprodukte oder Abfälle des Stoffwechsels; und so wie die Kohlensäure in einem besonderen Organe, der Lunge, werden jene Abfälle in anderen Organen ausgeschieden und nach außen geschafft: so der Schweiß durch die Haut, der Harn durch die Nieren. Das Blut ist also der Hauptvermittler der Atmung, der Ernährung und der Ausscheidungen, kurz, des gesamten Stoffwechsels, der, wie erwähnt, die notwendige Grundlage gerade unserer höheren Lebenstätigkeit, der Empfindung und der Bewegung ist.

Und diese Notwendigkeit anerkennen wir alle sehr

wohl. Wir wissen nicht nur, daß wir ununterbrochen atmen müssen, um am Leben zu bleiben; wir wissen ferner, daß das Herz ebenso ununterbrochen schlagen, also das Blut umtreiben muß, und bezeichnen daher den Eintritt des Todes auch mit dem Wort: das Herz stand still. Endlich brauchen wir es ebensowenig nur auf das Wort der Gelehrten hin zu glauben, daß wir in gewissen Zeitabständen der Nahrung bedürfen, um die Tätigkeit, das Leben unseres Körpers zu unterhalten. Eine mangelhafte Ernährung schwächt die Muskelkraft, erschöpft den ganzen Organismus und führt endlich den Hungertod herbei.

Die allein sichtbaren Vorgänge der Ernährung bestehen in der Einführung der Nahrung in den Mund, in dem Zerkauen und Verschlingen derselben. Bei dem letzteren gelangt sie in die Speiseröhre, die hinter der Luftröhre den Hals und die Brust durchzieht, um in den Magen zu münden (Fig. 3). Dieser liegt bereits in der durch eine muskulöse Scheidewand, das Zwerchfell, von der Brusthöhle getrennten Bauchhöhle, und zwar links oben. Er ist eine sackförmige Erweiterung des ganzen Ernährungskanals; wo diese sich wieder verengt, beginnt der eigentliche Darm, mit zahlreichen Windungen den größten Teil der Bauchhöhle ausfüllend, um im Grunde des Beckens zu endigen. Mit dem Darm steht durch einen Kanal die Leber in Verbindung, die dem Magen gegenüber unter der rechten Brusthälfte liegt. (Von allen diesen Teilen verdeckt sind die schon genannten Nieren an der Wirbelsäule befestigt, deren Ausführungsgänge vorn unten in die Harnblase münden.)

Indem nun die verschlungene Nahrung durch den Mund, die Speiseröhre, den Magen und den Darm gleitet, wird sie nicht nur durch die Zähne und die Bewegung des Magens mechanisch verarbeitet, sondern auch durch hinzutretende Säfte: Speichel, Magensaft, die Galle der Leber u. a. mannigfaltig verändert und vorbereitet zur Aufsaugung durch die Darmwand in die darunterliegenden Blutgefäße und andere Kanäle, die ihrerseits sich wieder in die großen Venen ergießen (Fig. 5). So gelangt die Nahrungsflüssigkeit in den Blutstrom und durch dessen Vermittelung zu den einzelnen Körperteilen. Was aber von dem im Darme befindlichen Speisebrei zur Aufsaugung und Ernährung nicht tauglich ist, wird nach außen ausgeschieden.

Zusammenfassung.

Überblicken wir kurz, was wir uns von unserem Leben und unserem Körperbau gemerkt haben.

Bei der Selbstbetrachtung fesseln unsere Aufmerksamkeit zunächst und zumeist die ausschließlich den tierischen Organismen zukommenden **Empfindungen** und **Bewegungen**. Indem das **Nervensystem** (Hirn, Rückenmark, Nerven) die Empfindungen oder die Tätigkeit der **Sinnesorgane** wahrnimmt und die Bewegungen der **Muskeln** und somit der **Knochen** usw. veranlaßt, vermittelt es die innigen Beziehungen beider Tätigkeiten zu einander. Diese höhere Lebenstätigkeit ist aber nur bei einer gewissen Eigenwärme möglich und diese wird durch eine allgemeine Verbrennung des Körpers unter fortdauernder Zufuhr von Sauerstoff und Ausfuhr von Kohlensäure durch das Atmen unterhalten. Die Verbrennung und die Tätigkeit selbst aller Organe zersetzen und verbrauchen aber deren Teile und Stoffe, so daß dadurch ein dauernder Stoffersatz, eine Ernährung nötig wird. Die Lungen besorgen aber nur die Aufnahme des Sauerstoffs in den Körper, so wie der Darmkanal bloß die aufgenommene Nahrung zur Überführung in die einzelnen Körperteile vorbereitet. Die eigentliche Verteilung des Sauerstoffs sowie der Nahrung im ganzen Körper versieht der durch die Zusammenziehungen des Herzens in steter Bewegung erhaltene Blutkreislauf; und ihm liegt auch die Ausscheidung der unbrauchbaren Erzeugnisse der Verbrennung und des Stoffumsatzes ob.

Fassen wir diese Gesamttätigkeit der Eingeweide als Stoffwechsel zusammen, so können wir ihn nunmehr als eine besondere Lebenstätigkeit auffassen und der Bewegung und Empfindung entgegensetzen. Wir dürfen aber nicht übersehen, daß sowie der Stoffwechsel die notwendige Bedingung für die letzteren ist, er ebensowenig derselben entraten kann. Nur durch Bewegungen können wir atmen, und ebenfalls nur durch mannigfaltige Bewegungen unserer Nahrung teilhaftig werden. Der zu diesen

Bewegungen und Handlungen nötige Wille wird wiederum bestimmt durch unsere Empfindungen von unserem körperlichen Zustande (Hunger, Durst, Wärmebedürfnis) und von den uns umgebenden Dingen. So vereinigen sich alle Lebenstätigkeiten unseres Körpers in dem einen Ziel der Selbsterhaltung.

Die Säugetiere.

Unsere erste Betrachtung an Tieren bestand darin, daß wir an ihnen die gleichen Lebensäußerungen wie an uns selbst wahrnahmen. Allerdings sehen wir unmittelbar nur ihre Bewegungen; aber nach unserem Bewußtsein von den gleichen Bewegungen, die wir selbst ausführen, schließen wir mit Recht, daß jene Tätigkeit der Tiere ebenfalls von einem Willen und im weitern von verschiedenen Empfindungen veranlaßt ist, die wir nach ihren Sinnesorganen, Auge, Ohr usw., ebenso wie unsere eigenen beurteilen.

Diese Erkenntnis, daß das Bewußtsein von unseren eigenen Empfindungen und Bewegungen uns den ersten Aufschluß über das Leben der Tiere gibt, bewog uns, die Gesamttätigkeit unseres Körpers näher kennen zu lernen, um daraus auch Leben und Bau der Tiere zu verstehen. Also: Beobachtung und Vergleichung führen uns in die Tierkunde ein und sie sollen uns auch weiter durch dieselbe geleiten.

Wenden wir jetzt unsere Aufmerksamkeit den uns bekanntesten Tieren zu — unseren Haustieren: Hund

und Katze, Pferd und Rind usw. Äußerlich sehen wir an ihnen ebenfalls die Gliederung des Körpers in Kopf, Rumpf und vier Gliedmaßen; wir erkennen an ihnen ferner unsere eigenen Sinnesorgane wieder, wir finden das gleiche Muskelspiel, Atmen, Herzschlag, Nahrungsaufnahme, und an jedem geschlachteten Tier den gleichen inneren Bau mit Muskeln und Knochen, Nerven und Blutgefäßen, Lungen, Herz, Darm usw. Wir schließen aus allen diesen Erfahrungen, daß das körperliche Leben dieser Tiere in allen wesentlichen Stücken ebenso verläuft wie das unsrige. Welcher Unterschied zeigt sich uns aber, sobald wir beides im einzelnen vergleichen!

Wir tragen uns auf den zwei hinteren Gliedmaßen, den Beinen, erheben daher den Rumpf mit dem Kopf gerade in die Höhe und behalten die zwei vorderen Gliedmaßen, die Arme, zu anderen Bewegungen und Hantierungen frei. Die genannten Haustiere tragen dagegen ihren Rumpf wagrecht auf allen vier Gliedmaßen und können sie nur ausnahmsweise und vorübergehend in anderer Weise gebrauchen, z. B. die Katze zum Schlagen und Fassen. Um uns auf den zwei Beinen sicher aufrecht halten zu können, treten wir mit dem ganzen Endabschnitt derselben, dem Fuß, und zwar mit seiner breiten, gewölbten Sohlenfläche auf (S. 13); auf Stelzen können wir nach einiger Übung wohl gehen, aber nicht stehen. Der Endabschnitt unseres Arms, die Hand, ist dadurch, daß sie statt der kurzen Zehen des Fußes lange, getrennte Finger und einen Daumen besitzt, der den übrigen Fingern entgegenstellbar ist, mit ihnen einen Ring bilden kann, zu allen möglichen Greif- und mannigfaltigen anderen Bewegungen geschickt.

Fig. 6.

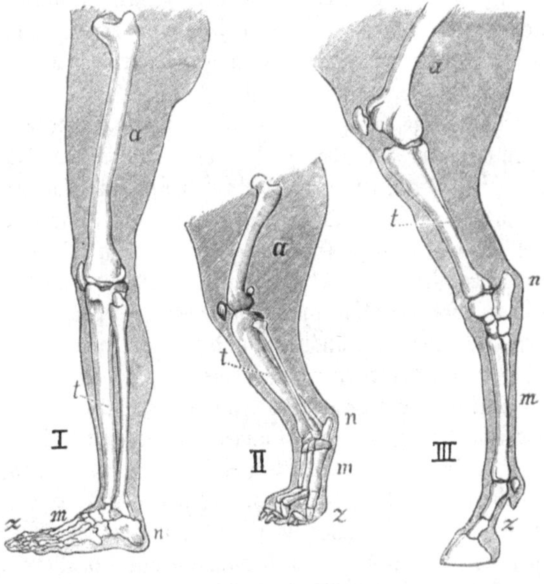

Das linke Bein des Menschen (I), das linke Hinterbein des Hundes (II) und des Pferdes (III), a Oberschenkelbein, t Schienbein, n Ferse, m Mittelfuß, z Zehen.

Bei unseren Tieren sind alle vier Gliedmaßen beinförmig. Die vierfache Unterstützung des wagrechten Körpers macht einen Sohlengang entbehrlich, gestattet einen leichteren Bau der Glieder und das Auftreten mit den Zehen allein*) (Fig. 6, 9). Daher sind sie zu schneller Fortbewegung geeigneter (leichtfüßig, schnellfüßig) als unsere Sohlenfüße, die vom Boden nicht einfach erhoben, sondern von hinten (Ferse) nach vorn (Mittelfußballen, Zehen) gewissermaßen abgerollt werden (Fig. 2). Für den Vorzug in der Fortbewegung fehlt aber den Tieren die Hand und daher die Handfertigkeit.

Allerdings besitzen auch die Affen Hände an ihren Armen; da aber auch ihre Füße handförmig umgebildet sind, vermögen sie auf diesen nur unvollkommen zu gehen und zu stehen und können sie nur wie die eigentlichen (vorderen) Hände zum Klettern gut gebrauchen (Fig. 11). Die „Vierhänder" brauchen also zu ihrer gewöhnlichen Fortbewegung durch Klettern alle vier Gliedmaßen und können gleichzeitig keine andere Arbeit verrichten wie die „Zweihänder".

Die vorhin genannten vierfüßigen Tiere sind aber, obgleich sie durch den Mangel an Händen sich in gleicher Weise vom Menschen entfernen, unter sich im Gliederbau recht verschieden. Hund und Pferd wetteifern mit einander im schnellen Lauf; der Hund ist aber nicht imstande, sich dauernd auf den Beinen zu erhalten wie das Pferd, welches auch stehend ausruht. Denn der Hund hat ein weniger festgefügtes

*) Unbewußt ahmen wir diese Regel bei unseren Geräten nach, indem wir eine Tischplatte, einen Sitz durch einen oder zwei breit auslaufende Säulenfüße oder durch vier dünne, abwärts sogar verschmächtigte Füße unterstützen.

Fußskelett und tritt mit mehreren weichen Zehen auf, die nur an der Oberseite kleine, hornige Krallen tragen (Fig. 6); diese zu anderen Tätigkeiten, wie wir sehen werden, ganz vorteilhafte Einrichtung läßt aber den Hund leichter ermüden. Das Pferd tritt dagegen nur mit der allein erhaltenen, dafür aber entsprechend verstärkten und von einem breiten, festen Huf allseitig überzogenen Mittelzehe auf; der Pferdefuß ist daher trotz seiner Leichtigkeit säulenartig fest und ermüdet nicht so bald. Dies ersehen wir schon daraus, daß nur wenige Tiere solche Lasten zu tragen imstande sind wie die Pferde.

Die Katze wiederum ist durch ihre Krallen, welche beim Gehen hinaufgezogen und so vor einer Abnutzung ihrer scharfen Spitzen bewahrt werden, vorzüglich zum Klettern ausgerüstet, abgesehen davon, daß ihre Krallen auch andere Dienste leisten.

Also: der Hund läuft besser als der Mensch, das Pferd läuft und trägt besser und die Affen und Katzen klettern besser. Keines vereinigt aber alle Vorzüge, denn alle sind durch die Gleichheit ihrer vier Gliedmaßen einseitig ausgebildet gegenüber dem mit ebenso vollkommenen Gangfüßen wie vortrefflichen Greifhänden versehenen, also zu vielseitiger Tätigkeit befähigten Menschen. Seine Kultur begann eben damit, daß er, während seine Beine allein ihn trugen und fortbewegten, mit seinen Händen gleichzeitig die mannigfaltigste andere Arbeit verrichtete, insbesondere sich diejenigen künstlichen Werkzeuge schuf, die ihm die natürlichen Werkzeuge ersetzen, womit die

Tiere, jedes in seiner Art, vorzüglich ausgerüstet sind.

Dadurch wurde der Mensch in den Stand gesetzt, die aufgeführten Vorteile der einzelnen Tiere sich mittelbar anzueignen und durch besondere Vorrichtungen zu steigern. Das flüchtigste Pferd vermag sich nicht schneller fortzubewegen als der Mensch, der es fängt, zähmt und als Reiter benutzt; und dasselbe Pferd läßt er größere Lasten als es tragen kann, auf dem durch seine Hände angefertigten Wagen fortschaffen. Und wo an einer hohen glatten Mauer kein Klettertier hinaufkommt, ersteigt er sie leicht mit der selbstgefertigten Leiter.

Allerdings erreicht er dies alles nur mit Hilfe seines Verstandes; unentbehrlich sind ihm aber dabei seine zweifach eingerichteten Gliedmaßen, welche ihn eben zu jeder Arbeit befähigen.

Auch im Empfindungsleben übertreffen wir die Tiere, aber nicht sowohl durch den Bau der Sinnesorgane, die bei ihnen wesentlich ebenso gebildet sind wie bei uns; noch weniger durch die einzelne Leistung dieser Organe. Denn der Hund z. B. verfolgt durch Geruch die Fährte eines anderen Tieres oder seines Herrn, wo unsere Geruchsorgane nichts wahrnehmen würden; und ebenso bekannt ist es, daß ein Raubvogel in schwindliger Höhe seine Beute erkennt, die uns in gleicher Entfernung unsichtbar bleibt. Trotzdem erreichen wir mit unseren weniger vollkommenen Sinnesorganen mehr, weil die von ihnen aufgenommenen Eindrücke sich in uns zu Vorstellungen und Gedanken verflechten, die in gleicher Klarheit und Vollkommenheit den Tieren durchaus fehlen.

Wir wissen, daß diese unsere Geistestätigkeit ihren Sitz im Hirn hat; es muß daher die Entwickelung

Fig. 7.

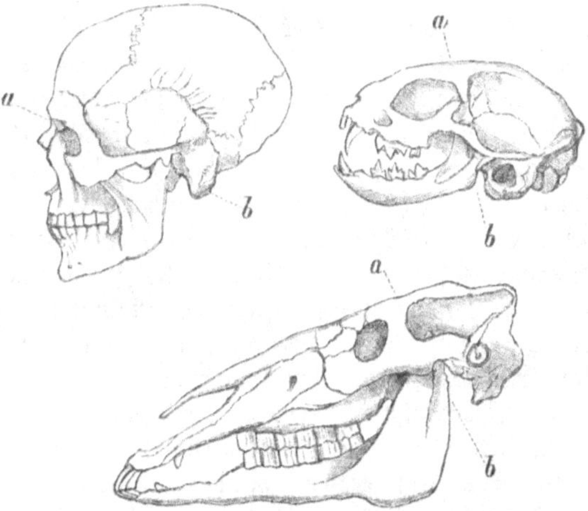

Schädel des Menschen (links), der Katze (rechts) und des Pferdes (unten); a b die Grenze des Hirn- und des Gesichtsschädels.

dieses Organs im Verhältnis stehen zur Höhe jener Tätigkeit. In der Tat besitzen wir ein Hirn und folglich eine Hirnkapsel, die nicht nur größer sind als diejenigen der Tiere, sondern insbesondere den Gesichtsteil des Kopfes übertreffen, ihn nach oben und vorn überwölben. Dazu kommt, daß das Gesicht der

Tiere noch unverhältnismäßig vergrößert wird durch die Entwickelung ihrer Mundwerkzeuge, also den Hirnschädel noch mehr zurückdrängt. Beim Menschen überwiegt der emporgewölbte Hirnschädel, bei den Tieren der vorgelagerte Gesichtsschädel (Fig. 7).

Dies ist der Grund, warum der Kopf unserer Tiere ein so ganz anderes Aussehen hat als der unserige. Andererseits sind die Mundwerkzeuge der Tiere im einzelnen verschieden eingerichtet und charakterisieren dadurch die verschiedenen Kopfformen sehr deutlich. Der Kopf einer Katze ist daher von demjenigen eines Pferdes leicht zu unterscheiden, auch wenn wir die Größe und alle äußeren Unterschiede unbeachtet lassen und nur das Skelett vergleichen.

Diese Verschiedenheit hängt sehr innig mit der Ernährung zusammen, indem die Aufnahme pflanzlicher Nahrung eine andere Einrichtung der Mundwerkzeuge verlangt als diejenige der Fleischnahrung; die meisten Säugetiere sind aber entweder Pflanzenfresser wie unsere Pferde und Rinder oder Fleischfresser wie Hunde und Katzen. Überall bildet der mit dem übrigen Schädel fest verbundene Oberkiefer und der bewegliche Unterkiefer das Knochengerüst des Mundes. Der Unterkiefer wird durch die Kaumuskeln auf und ab bewegt, die von der Schläfegegend und den Backenknochen hinabziehend sich an ihm befestigen; außerdem umkreisen die muskulösen Lippen die Mundöffnung und die weichen Backen bilden die dehnbaren Seitenwände der Mundhöhle. In den aufeinanderpassenden bogenförmigen Rändern beider Kieferknochen sitzen die Zähne.

An unserem eigenen Gebiß können wir leicht eine dreifache Bildung der Zähne feststellen. Vorn in beiden Kiefern tragen wir die meißelförmigen Schneidezähne, die dicht aneinandergereiht, eine kaum unterbrochene scharfe Kante bilden. Wenn wir in einen Apfel beißen, erkennen wir in dem Abdruck unserer Schneidezähne im Apfel am besten ihre Anordnung und Wirkung. Auf die vier Schneidezähne jedes Kiefers folgen jederseits ein spitzer Eckzahn, dann die mehrzackigen Backenzähne, mit denen wir die Bissen zerkauen, d. h. durch passende Bewegungen des Unterkiefers zerreiben.

Betrachten wir nun die Tätigkeit der Mundwerkzeuge eines Tiers, z. B. eines weidenden Pferdes oder Rindes. Erst faßt es ein Grasbüschel mit den wulstigen Lippen, reißt es mit Hilfe der Schneidezähne ab und wiederholt dies einigemal, bis es genug Gras in das Maul aufgenommen hat, um es mit den Backzähnen anhaltend zu bearbeiten. Dabei wird der Unterkiefer nicht einfach auf und ab, sondern von einer Seite zur andern bewegt, so daß die Backzähne beider Kiefer in Mahlbewegungen übereinander gleiten.

Diese Beschäftigung treibt das Vieh auf der Weide während eines großen Teils des Tages; wir lernen daraus, daß es großer Mengen Gras zu seiner Ernährung bedarf. Daher wäre auch ein Abschneiden der feinen Grashalme mit scharfen Schneidezähnen zu zeitraubend und ist folglich ersetzt durch eine

Einrichtung, die das Abreißen ganzer Büschel ermöglicht. Dazu bedarf es bloß stumpfer Schneidezähne (Pferd), oder dieselben fehlen im Oberkiefer ganz (Rind), indem seine breite Kante zum Fassen eines Grasbüschels genügt (Fig. 9). Auch die Eckzähne, zum Einschlagen in kompakte Nahrungsmassen wie Fleisch und so zum Halten derselben geeignet, fehlen unseren Pflanzenfressern meist ganz. Dafür sind die Backenzahnreihen um so länger und breiter und durch ihre feingerippte Kaufläche wahren Mühlsteinen vergleichbar; denn Pflanzen, insbesondere Blätter und Halme bedürfen einer gründlichen Zerkleinerung, um verdauungsfähig zu werden.

Aus dieser Überlegung wird es uns verständlich, warum Pferd und Rind so lange und kräftige Seitenteile der Kiefer (für die zahlreichen und mächtigen Backenzähne) und deshalb einen langen Gesichtsschädel besitzen. Allerdings gibt es andere Pflanzenfresser, z. B. das Kaninchen oder das Eichhörnchen, die ein ganz abweichendes Gebiß aufweisen; aber das hängt wiederum mit einer anderen Art der Nahrungsaufnahme zusammen. Diese Tiere schaben in der Regel von festeren und dickeren Pflanzenteilen, Wurzeln, Rinden, Obst usw. feine Streifen und Fasern ab, gerade so wie wir etwa mit einem Meißel Holz bearbeiten. Dazu dienen ihnen besonders starke und scharfe Schneidezähne, während für die abgeschabten, also schon z. T. zerkleinerten Bissen eine kleinere, kürzere Kaufläche genügt. Das Gesicht solcher Nagetiere ist daher viel kürzer als dasjenige der erstgenannten Pflanzenfresser; sie können aber mit ihren scharfen Nagezähnen sehr empfindlich beißen, also unter Umständen auch anderen Tieren gefährlich werden.

Ganz anders stellt sich nun das Gebiß der fleischfressenden Hunde und Katzen dar (Fig. 7). Die Schneidezähne sind klein, um so stärker und länger die „Einschlagzähne" oder Eckzähne; auch die starken mehrspitzigen Backzähne sind mehr zum Fassen und Zermalmen fester Dinge als zum Zermahlen geeignet, daher die scharfzackigsten unter ihnen auch „Reißzähne" genannt werden. In der Tat braucht das Fleisch, die Nahrung dieser Tiere, viel weniger als Pflanzennahrung durch Kauen zur Verdauung vorbereitet zu werden; und das Gebiß hat vielmehr nur die Aufgabe, durch Fassen und Abreißen solche Bisse in das Maul zu bringen, die ohne weiteres verschluckt werden können. Wirfst du deinem Hunde solche Bissen zu, so schnappt und verschluckt er sie in einem Augenblick. Die wilden Hunde jedoch und sogar die meisten Hauskatzen, die Mäusen und Vögeln nachstellen, finden ihre Nahrung nicht in passenden Bissen, sondern in ganzen Beutetieren, die sie zu erjagen und erlegen haben, ehe sie dieselben verzehren können. Wie es dabei zugeht, erfahren wir übrigens schon, wenn wir unserem Hunde ein größeres Stück Knochen und Fleisch hinwerfen.

Mit den Zähnen allein bringt er es nicht fertig, das Stück in passende Bissen zu zerlegen; er legt sich nieder, faßt und hält es mit den Vorderfüßen fest und reißt nun mit dem Gebiß kleinere Stücke heraus oder zermalmt die Knochen. Also beim Verzehren ihrer Nahrung brauchen solche Tiere notwendig ihre Vorderfüße; und nicht weniger beim Erlegen ihrer lebendigen Beute. Wie oft beobachtet man nicht eine Hauskatze, wenn sie im Garten und Feld eine Maus, einen Vogel beschleicht: nur mit einem wohlberechneten Sprung erreicht sie die Beute und erfaßt sie mit den scharfbekrallten Tatzen, um sie schon durch diesen Griff zu töten (Fig. 8). Und welche Ausdauer im schnellsten Lauf beweist nicht der Hund, wenn er ein flüchtiges Wild, seine natürliche Beute, verfolgt.

Fig. 8.

Katze, im Sprunge eine Maus packend.

Es leuchtet daher ein, daß solche fleischfressenden **Raubtiere** für ihre Ernährung nicht nur ein besonderes Gebiß, sondern auch einen bestimmten Bau ihrer Gliedmaßen brauchen. Sie müssen nicht nur zu andauerndem schnellen Lauf (Hund) oder zum Klettern und Springen (Katze), sondern auch zum Fassen und Halten befähigt, daher an jedem Fuß mit mehreren bekrallten Zehen versehen sein.

Wie sehr stechen dagegen Pferd und Rind ab, die ihre Nahrung weder zu erjagen noch zu halten,

Fig. 9.

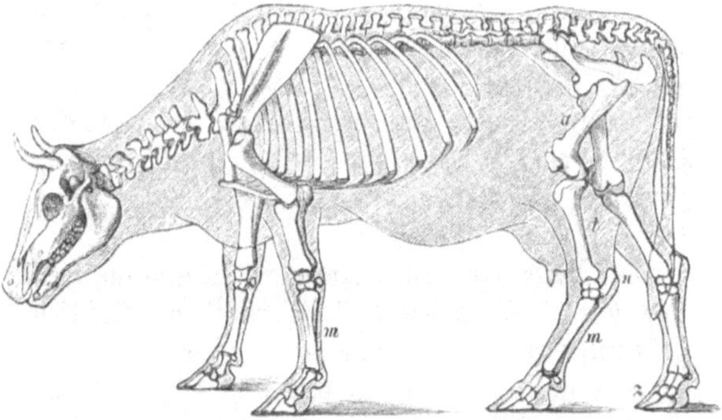

Weidende Kuh im Umriß mit eingezeichnetem Skelett, a Oberschenkelbein, t Schienbein, n Ferse, m Mittelfuß, z Zehen.

sondern nur vom Boden abzupflücken haben. Dazu bedürfen sie allerdings keiner bekrallten Zehen; wozu aber dennoch die starken Beine und die Hufe? — Es wurde schon darauf aufmerksam gemacht, daß diese Tiere im Freien stundenlang weiden, wobei sie weder auf einem Platze bleiben, noch sich niederlegen, wie ein Raubtier bei seiner Mahlzeit, sondern immerfort langsam weiterschreiten (Fig. 9), was eine ganz außerordentliche Leistung und nur durch ihre festbehuften Füße verständlich ist. Auch dürfen wir nicht nur an unsere Haustiere denken, welche ihre Nahrung mühelos durch den Menschen angewiesen erhalten. Die wilden Rinder und Pferde Asiens, Afrikas und Amerikas leben in großen Herden zusammen, die, um stets genügendes Futter zu finden, ihre Weideplätze vielfach wechseln und dazu anstrengende Wanderungen ausführen müssen. Endlich ist ihnen die Fähigkeit zu schnellem und andauerndem Lauf noch in einer anderen Hinsicht zur Existenz unerläßlich. Die Pflanzenfresser sind die natürliche Beute der Fleischfresser, deren Nachstellungen sie sich meist nur durch schnelle und andauernde Flucht entziehen können.

Die Raubtiere greifen ihresgleichen nicht an, weil jedes von ihnen in seinen Angriffswaffen, bekrallten Tatzen und Raubtiergebiß, ebensogute Verteidigungswaffen besitzt. Diese fehlen den Pflanzenfressern im allgemeinen, die daher die gesuchte und verfolgte Beute der Raubtiere darstellen und einer völligen Vernichtung unterliegen würden, wenn die Natur ihnen nicht die günstige Flucht als Rettungsmittel vorgeschrieben hätte. In gewissen Fällen verbindet sich damit allerdings eine Verteidigungswaffe: das Gehörn des Rindes und verwandter Tiere und das Geweih der hirschartigen Geschöpfe. Es sind dies knöcherne Auswüchse des Schädels, deren Hautüberzug entweder so wie die Nägel, Krallen und Hufe verhornt (Gehörn) oder abfällt und den nackten Knochen hervortreten läßt (Geweih). Die Träger von Hörnern und Geweihen besitzen auch eine entsprechend starke Muskulatur des Nackens („Stiernacken"), die sie befähigt, mit ihrem bewehrten Haupt ganz außerordentlich starke Stöße auszuführen.

Fig. 10.

Eichhörnchen.

Wir haben aber bei der Betrachtung des Gebisses noch die Nagetiere erwähnt, die auch Pflanzenfresser genannt werden müssen, aber keine Huftiere sind. Auch dafür ist der Grund leicht kenntlich, wenn man ein Eichhörnchen eine Nuß oder ähnliches verzehren sieht; denn es sitzt dabei auf den Hinterfüßen und hält den zu benagenden Gegenstand mit den

Vorderpfoten fest (Fig. 10). Also auch hier ist ein mehrzehiges, bekralltes, zum Greifen und Halten geeignetes Bein unentbehrlich, während die säulenartigen, tragfähigen Hufbeine schon deshalb überflüssig, ja nachteilig wären, weil die Nagetiere ihre Nahrung auf verhältnismäßig beschränktem Gebiet zusammensuchen und ferner oft nur durch Graben (Mäuse), Klettern (Eichhörnchen) erreichen können. Deshalb nehmen sie in ihrem Äußern, nämlich in der Bildung des durch die Mundwerkzeuge charakterisierten Kopfes (S. 42) und in derjenigen der Gliedmaßen eine Mittelstellung zwischen den Huftieren und den Raubtieren ein. Und in der Tat gibt es unter ihnen auch gelegentliche Räuber, wie gerade das Eichhörnchen, das neben seiner pflanzlichen Nahrung junge Vögel nicht verschmäht.

Durch Beobachtung und Vergleichung lernen wir also nicht nur die sichtbaren Unterschiede unserer Haustiere überhaupt kennen, sondern in ihrem Zusammenhang und ihrer Bedeutung für das Gesamtleben des einzelnen Geschöpfs verstehen. Wir begreifen jetzt, daß Kopfbildung und Gebiß, der Bau und die Leistungen der Gliedmaßen, sowie die Gesamthaltung des Rumpfes mit einer bestimmten Lebensweise zusammenstimmen, dieser gewissermaßen angepaßt und Merkmale derselben sind. Wir werden daher geneigt sein, auch ohne weitere Kenntnisse jedes Huftier für einen Pflanzenfresser mit einem langen Mahlgebiß und stark verlängertem Kopfe, jedes Tier mit starken meißelartigen Schneidezähnen für einen Nager mit kürzerem Gesicht und mehrzehigen Krallenfüßen zu erklären und von jedem echten Raubtier anzunehmen, daß es in allen diesen Körperteilen eher einem Hunde oder einer Katze als einem Huftier oder Nager gleiche.

Wie stellt sich nun aber unser eigener Körperbau zu jenen Hauptformen der uns am nächsten stehenden Tiere? Sind wir nach unserem Gebiß im Zusammenhang mit dem Bau unserer Gliedmaßen und mit unserer Ernährungsweise eher Fleischfresser oder Pflanzenfresser?

Die Antwort fällt ähnlich aus wie betreffs unserer Bewegungsfähigkeit. Raub-, Huf- und Nagetiere zeigen uns eine vollkommene Anpassung an je eine bestimmte, einseitige Lebensweise, wir selbst dagegen nicht. Unser Gebiß ist allerdings bis zu einem gewissen Grade ebenso zum Nagen wie zum Zermalmen und Kauen eingerichtet, zu keinem dieser Zwecke aber besonders und vorzüglich, gerade so wie unsere Gliedmaßen in der einzelnen Fähigkeit hinter der Vollkommenheit mancher Tiere zurückbleiben. Aber so wie eine frühere Betrachtung lehrt uns eine erneute Überlegung, daß diese scheinbare Unvollkommenheit nur ein Fehlen einer Einseitigkeit genannt werden darf, und daß unser Vorzug eben in der Fähigkeit beruht, die Leistungen der Tiere nicht unmittelbar, aber desto vollständiger mittelbar zu überflügeln.

Wir sind Fleisch- und Pflanzenfresser, abwechselnd nach äußeren Umständen, Gewohnheit und Neigung und verschaffen uns und verzehren die gesuchte Nahrung in viel vollkommenerer Weise wie die Tiere. Auch wir jagen und erlegen lebende Beute, indem wir uns dabei vielfach der schnellsten Träger, der Pferde, und weittragender Waffen bedienen. Wir tun dies, teils um Fleischnahrung zu erhalten, teils um die uns schädigenden und bedrohenden Raubtiere zu vernichten. Aber schon die ältesten Menschengeschlechter übten daneben die Kunst, die eßbaren Tiere, insbesondere Rinder, lebendig einzufangen, zu zähmen und zu züchten; an Stelle der wilden Jagd trat das Schlachten dieser Haustiere. Das starke Raubtiergebiß ersetzen wir aber durch mannigfache Werkzeuge, mit denen wir die Fleischkost in die gerade passenden Bissen zerlegen.

Ebenso verbrauchen wir viel Pflanzenkost, suchen sie aber nicht wie die Tiere mühsam in Wald und Feld zusammen; denn wir säen und ziehen die Nahrungspflanzen in der Nähe unserer Wohnungen. Und da uns vollkommene Mahlzähne fehlen, so zermahlen wir die dessen am meisten bedürftigen Körner gewisser Grasarten, unserer Getreide, mit künstlichen Mitteln in unseren Mühlen und genießen erst die dadurch am besten zur Verdauung vorbereitete Speise. Kurz — vom tierischen Fleisch- und Pflanzenfresser ist auf uns nur die wechselnde Fleisch- und Pflanzenkost übergegangen; alles übrige ersetzt unsere Vernunft und die unendlich freiere, mannigfaltigere Entwickelung unseres Körperbaues.

Noch ein sichtbares Merkmal der bisher betrachteten Tiere soll hier Erwähnung finden: ihre Behaarung. Sie dient ihnen unzweifelhaft zur besseren Erhaltung der notwendigen Körperwärme und zeigt sich daher dichter im kalten Winter (Winterkleid) und in kalten Gegenden. Auch darin wäre unser nur stellenweise behaarter Körper im Nachteil, wenn wir nicht verständen, in einfachster Weise das, was die Tiere schützt, uns von ihnen anzueignen, ihre Wolle und ihren Pelz in unsere Kleider zu verwandeln.

Sonstige Unterschiede im inneren Bau und dem Äußeren der genannten und aller ähnlichen Tiere sowie andererseits von uns selbst sind für unseren Zweck nicht so erheblich, um hier besonders hervorgehoben zu werden.

Im Voranstehenden haben wir uns einige unserer Haustiere daraufhin näher angesehen, wodurch ein jedes von ihnen besonders auffalle, oder, was dasselbe ist: wodurch es am meisten von den übrigen und von uns selbst verschieden sei. Wir fanden, daß diese Eigentümlichkeit jedes Tieres sich in zwei Dingen offenbart, in seiner besonderen Lebensweise (Bewegung, Ernährung, Aufenthalt) und in dem ihr eigens angepaßten Körperbau (Gesamthaltung des Rumpfes, Bildung der Gliedmaßen und des Kopfes, Gebiß, Behaarung). Diese Anpassung geht so weit, daß wir schon in einzelnen Teilen jener Eigentümlichkeit die Merkmale für ein bestimmtes Tier oder für eine bestimmte Art von Tieren erblicken. Auf diese Weise lernten wir die Unterscheidungsmerkmale der Affen, der Raubtiere, der Huf- und Nagetiere kennen.

Wieder andere Merkmale sind ihnen aber gemeinsam, so die allgemeine Gliederung des Körpers, des Skeletts, dann die Behaarung und endlich eine bisher noch nicht erwähnte Eigenschaft: sie gebären lebende Junge und säugen sie mit ihrer Milch. Dies unterscheidet sie von Vögeln, Eidechsen, Fröschen und Fischen, die doch einen ähnlichen inneren Bau besitzen, und hat ihnen den Namen der Säugetiere eingetragen.

Außer den wenigen bisher genannten Vertretern dieser Tiergruppe gibt es aber noch viele wohlbekannte Säugetiere, die sich teils den ersteren eng anschließen, teils besondere Abteilungen, Sippen bilden.

An den Affen fällt am meisten ihre Menschenähnlichkeit auf. Und in der Tat zeigt sich dieselbe nicht nur in der Handbildung, sondern auch im Gebiß und daher auch im Gesicht. Die durch erstere erworbenen Vorteile büßen aber die Affen dadurch wieder ein, daß auch ihre Füße, wie wir sahen, handähnlich, zu Greiforganen umgebildet sind (Fig. 11). Dies hindert sie an einem vollkommenen Gehen auf zwei Füßen und zwingt sie zur Fortbewegung durch Klettern, wodurch die Verwertung der Hände zu anderer Tätigkeit außerordentlich beeinträchtigt wird. Wenn wir die Affen mit ihren Armen und Händen menschenähnlich hantieren sehen, so tun sie es doch nur im Sitzen. Als Klettertiere sind sie ferner auf das Baumleben und auf Pflanzennahrung angewiesen und sämtlich Bewohner wärmerer Gegenden.

Als menschenähnlichste Affen sind die großen ungeschwänzten Gorilla, Chimpanse und Orang-Utang, als gewöhnlichste Schautiere die kleinen

Makake und Meerkatzen der alten Welt bekannt, die teils mit einem langen Schwanz versehen, teils schwanzlos sind.

Fig. 11.

Orang-Utang.

Von den übrigen Säugern lernten wir unter unsern Haustieren insbesondere die Vertreter der zwei großen Abteilungen der Raub- und der Huftiere kennen.

Von den über die ganze Erde verbreiteten Raubtieren wissen wir bereits, daß sie in allen Stücken ganz einseitig auf eine bestimmte Lebensweise, nämlich die Ernährung durch tierische Beute eingerichtet sind. Dazu dient ihnen der kräftige Bau ihrer mehrzehigen, bekrallten Gliedmaßen, dazu das mehr zum Fassen und Zerreißen als zum Kauen geeignete Gebiß. Dennoch sind die Unterschiede der unter unsern Haustieren durch den Hund und die Katze vertretenen Raubtiersippen nicht zu verkennen. Man beachte nur, wie sich ihre Raubtiernatur im Spiel und Ernst äußert.

Wenn Hunde mit einander spielen, jagen sie sich hin und her und beißen einander; und seine Beute sucht der Hund nur durch schnellen Lauf zu erreichen und mit seinen Zähnen zu erlegen. Diese, seine einzige Waffe, sind in längerer Reihe vorhanden, was eben die Verlängerung der Kiefer und so die Form des Gesichts bestimmt, während die schlanken Gliedmaßen nur dem schnellen Lauf dienen. Die Katze dagegen braucht schon im Spiel ihre Tatzen zum Schlagen, aber dann freilich mit eingezogenen Krallen (Sammetpfötchen); diese gefährlichen Waffen werden jedoch vorgezogen, wenn es gilt, sie durch die Wucht eines Sprunges tief in den Körper ihrer Beute einzuschlagen (Fig. 8). Um aber diesen Sprung richtig abwägen zu können, beschleicht die Katze ihre Beute, sei es auf dem Boden oder auf Bäumen kletternd, statt ihr wie der Hund nachzujagen. Das kürzere Gebiß und Gesicht der Katze (Fig. 7) erinnert also gleichsam daran, daß ihr die Krallen gewissermaßen Zähne ersetzen; so wie ihre niedrigen aber starken Beine zum Sprunge wie geschaffen sind.

Nach dieser Überlegung ist es nicht schwer zu entscheiden, welche von den bekanntesten wilden Tieren in Bau und Lebensweise einerseits dem Hunde, anderseits der Katze sich anschließen. Wolf und Fuchs gehören zur Gattung der Hunde; Wildkatze, Löwe, Tiger u. a. zur Gattung der Katzen. Aus den Wölfen und den zu ihnen gehörigen Schakalen sind durch Zähmung und Zucht unsere Haushunde hervorgegangen, von denen diejenigen, deren Ohren spitz aufgerichtet sind, deren Schwanz aber hinabhängt (Schäferhund, Eskimohund), am wenigsten von ihren wilden Stammformen abweichen. Da jedoch die Hundezucht schon bei den ältesten Völkern begann, so konnte durch Auswahl der zu verschiedenen Zwecken am besten passenden Geschöpfe eine so große Formenmannigfaltigkeit erreicht werden, wie wir sie heute an unseren Haushunden bewundern.

Von den übrigen Raubtieren sei hier noch der Bär genannt, der durch das Auftreten mit der ganzen Sohle (Sohlengänger) und die geringere Entwickelung des Reißzahnes sich von Hunden und Katzen unterscheidet. Nur seine bedeutende Größe macht ihn zum gefährlichen Raubtier, denn seine Nahrung ist zum Teil eine pflanzliche. Die kleinsten Raubtiere sind die Marder, zu denen auch ein Sohlengänger, der Dachs, gehört.

Von den Huftieren haben wir bisher ebenfalls nur zwei Hauptformen, das Rind und das Pferd, kennen gelernt, und zwar in ihren übereinstimmenden Merkmalen (Gebiß und Gliederbau im allgemeinen), wodurch sie sich als ausschließlich weidende Pflanzenfresser von den Raubtieren unterscheiden. So wie unter den letzteren Hund und Katze, sind aber auch Rind und Pferd zwei recht verschiedene Typen unter den Huftieren.

Das **Rind** ist ein Paarzeher, d. h. es tritt mit je zwei gleich großen behuften Zehen auf, während die übrigen ganz verkümmert sind (Fig. 9). Ihm fehlen die oberen Schneide- und die Eckzähne. Da-

Fig. 12.

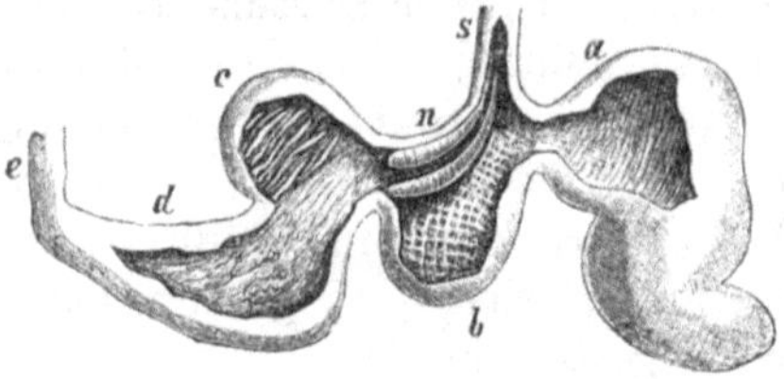

Magen eines Wiederkäuers geöffnet, s Speiseröhre, a b die erste, c d die zweite Doppelabteilung des Magens, n der ventilartige Verschluß, e Darm.

gegen ist es ein Wiederkäuer, d. h. die nach dem ersten Kauen verschlungene Nahrung gelangt in eine erste (Doppel-) Abteilung des Magens, um nach einiger Zeit wieder hinaufzusteigen und „wiedergekäut“ zu werden, worauf sie in die zweite, ebenfalls doppelte Magenabteilung und den Darm hinabgleitet (Fig. 12)*). Der Schädel trägt Hörner und ist infolgedessen an ihrer Wurzel verbreitert. Dem starken Kopf entspricht die mächtige Nackenmuskulatur (S. 47).

*) Dieser wechselnde Weg der Nahrung wird durch bewegliche Faltenwülste am Eingang des Magens wie durch ein Ventil geregelt.

Zu den wiederkäuenden Paarzehern zählen auch die Schafe und Ziegen, deren wilde Arten nur Gebirgsgegenden bewohnen, daher vorzügliche Felskletterer sind; ferner die geweihtragenden Hirsche und Rehe (S. 46) und die sohlenfüßigen Kamele.

Das Schwein ist auch ein Paarzeher (zwei Haupt- und zwei Nebenzehen), aber bei seiner wesentlich in Wurzeln und Früchten bestehenden Nahrung kein Wiederkäuer; seine Waffe besteht in den „Hauern", den zum Maule vorstehenden starken Eckzähnen.

Der zweite Typus der Huftiere, das Pferd, ist ein Unpaarzeher, indem es nur mit der allein vollkommen entwickelten, starken Mittelzehe auftritt (Einhufer). Die Schneidezähne sind vollzählig, der Kopf schmal und lang. Durch seine kraftvollen, schlanken und großhufigen Glieder ist das Pferd zum schnellsten und ausdauerndsten Lauf befähigt. (S. 36, 37.)

Alle gegenwärtigen Zuchtpferde stammen von asiatischen Wildpferden ab; in Amerika kannte man bis zur Zeit der spanischen Eroberer überhaupt keinerlei Pferde. Merkwürdigerweise haben sich aber gerade dort die meisten Reste von längst ausgestorbenen pferdeähnlichen Tieren gefunden, deren jüngste Vertreter mit den gegenwärtigen Pferden übereinstimmten, die älteren aber von ihnen abwichen, indem sie statt einer einzigen mehrere Zehen von verschiedener Ausbildung besaßen. Es läßt sich sogar eine sehr vollständige Reihe dieser Geschöpfe zusammenstellen, von denen die ältesten echte Vielhufer waren, die jüngeren aber durch eine immer weiter gehende Verkümmerung der äußern und inneren Zehen bis zu den heutigen Einhufern hinüberführen (Fig. 13). Zu den letzteren gehören außer dem Pferd noch der Esel, das Zebra u. a.

Fig. 13.

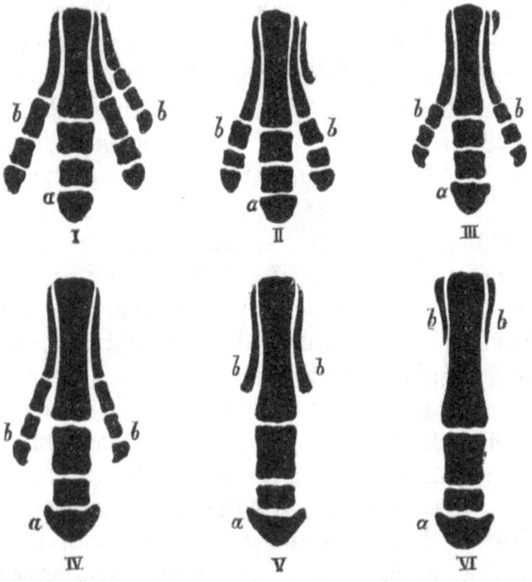

Reihenfolge der Fußbildung von ausgestorbenen, pferdeähnlichen Tieren: I vierzehiger, VI einzehiger Fuß, II—V Zwischenformen, a Mittelzehe, b die übrigen, verkümmernden Zehen.

Ohne nähere Beziehung zu den bisher genannten Huftieren stehen die großen vielhufigen Dickhäuter da, der Elefant, das Nilpferd, das Nashorn, der Tapir.

Auch unter den übrigen Säugetieren können wir Fleisch- und Pflanzenfresser unterscheiden, die sich aber von den besprochenen Raub- und Huftieren merklich unterscheiden. So sind z. B. die Seehunde gewissermaßen wasserbewohnende Raubtiere zu nennen. In Übereinstimmung damit jedoch, daß sie ihre Beute — Fische, Krebse, Muscheln — weder in Stücke zu zerreißen, noch mühsam zu zermalmen haben, sondern sie kaum gekaut verschlingen, ist ihr Raubtiergebiß verkümmert. Ihre Gliedmaßen sind aber dem Aufenthalt und der Jagd im Wasser dadurch vollständig angepaßt, daß die Zehen durch eine dicke Schwimmhaut verbunden, zu schaufelförmigen Ruderorganen umgebildet sind. Daher sind die Seehunde trotz ihrer Raubtiernatur ziemlich wehrlos und fallen im hohen Norden häufig dem Eisbär zum Opfer.

Wieder eine andere Art von Raubtieren stellen die sogenannten Insektenfresser dar. Ihrer Nahrung entspricht das Gebiß mit zahlreichen spitzen Zähnen und der kräftige Bau ihrer Gliedmaßen, der sie insbesondere zum Graben befähigt. Die vollkommenste Ausrüstung dazu besitzt der Maulwurf in seinen kurzen und starken Vorderbeinen, die den breiten schaufelförmig gebildeten Fuß mit der Innenfläche nach außen gekehrt tragen (Fig. 14). Mit diesen Werkzeugen durchwühlt er mit Leichtigkeit den Erdboden und legt dort seine weitläufigen Höhlungen und Gänge an, um nur selten an die Oberfläche zu kommen. Die Unersättlichkeit, die man an gefangenen Maulwürfen beobachtet, läßt auf die Menge von Insektenlarven u. dergl. schließen, die diese Tiere uns zum Nutzen im Freien vertilgen.

Ein zweiter interessanter Insektenfresser ist der Igel, der in dem Stachelbesatz seiner Oberseite einen vorzüglichen Schutz gegen seine Feinde besitzt. Wenn unser Hund einen Igel erblickt und auf ihn zustürzt, um ihn zu packen, krümmt sich derselbe nach der Bauchseite zusammen und überzieht die dort dicht zusammengezogenen Beine und den hinabgebogenen Kopf mit der Rückenhaut, deren Stacheln sich alle aufrichten. Dem auf diese Weise zusammengekugelten,

Fig. 14.

Kopf und Vorderbein des Maulwurfs.

allseitig bewehrten Igel vermag der Hund in der Regel nichts anzuhaben; bei unvorsichtigem Zugreifen holt er sich nur eine blutige Schnauze. Jene eigentümliche Fähigkeit, seine Rückenhaut wie einen Mantel über den ganzen Körper zusammenzuziehen, verdankt der Igel einem dünnen aber breiten Muskelring unter seiner Haut, der in der Ruhe flach über dem Rücken liegt, bei der Zusammenkugelung des Tiers aber so zu sagen unter den Äquator des Körpers gerät und indem er sich dabei zusammenzieht, natur=

gemäß abwärts gleitet (Fig. 15). Da nun die bestachelte Rückenhaut mit diesem Muskel zusammenhängt, folgt sie seiner Verschiebung und überzieht so den ganzen Körper.

Diese für den Igel so vorteilhafte Einrichtung ist aber keine vollkommene Neubildung, welche die

Fig. 15.

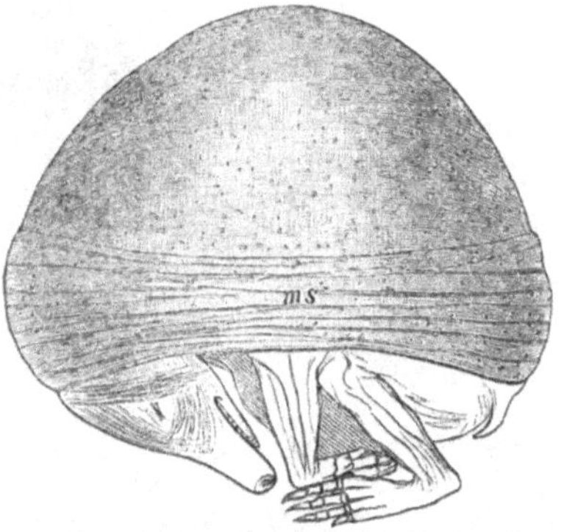

Enthäuteter Igel in zusammengekugeltem Zustande, ms der Muskelring des Rückens.

Natur ihm allein vorbehalten hätte, sondern nur eine besondere Ausbildung der weit verbreiteten „Hautmuskeln“. Diese sind meist in winzige Fäserchen verteilt, welche die einzelnen Haare in Bewegung setzen, sie bei gewissen Erregungen „sträuben“, gerade so wie die Stacheln des Igels, die nur verdickte und verhärtete Haare sind. Es gibt daneben aber auch ausgedehnte Hautmuskeln, deren Wirkungen wir am deutlichsten am Pferde sehen, wenn es, um die lästigen Insekten abzuwehren, größere Hautpartien lebhaft zucken läßt, ohne sich im übrigen zu bewegen.

Nur als kauende Pflanzenfresser nähern sich die Nager den Huftieren, während wir ihre Hauptmerkmale in den beschriebenen Nagezähnen und den zu

Fig. 16.

Fledermaus im Fluge, 1 Daumen, 2—5 übrige Finger.

der verschiedensten Tätigkeit befähigten mehrzehigen Füßen erblicken. Daher ist die Lebensweise dieser verbreitetsten und zahlreichsten Säugetierordnung eine sehr wechselnde. So wie das Eichhörnchen mit seinen scharfen Krallen geschickt klettert, gibt es vortreffliche Graber (Mäuse, Kaninchen), Schwimmer (Biber), Springer wie die Hasen mit ihren stark verlängerten Hinterbeinen. Die Springmäuse benutzen sogar nur noch die langen Hinterbeine zum Springen, ihrer einzigen Art von Fortbewegung, während die stark verkürzten Vorderbeine dabei untätig bleiben. Endlich verdient bemerkt zu werden, daß Eichhörnchen und Ratten, obgleich als Nager eigentlich Pflanzenfresser, keineswegs das Fleisch erbeuteter kleiner Vögel u. ä. verschmähen.

Fig. 17.

Fliegender Hund, an einem Hinterbein hängend.

Ganz eigenartig erscheinen unter den Säugetieren die Fledermäuse durch ihr Vermögen, vermittelst einer zwischen den außerordentlich verlängerten Zehen des Vorderbeins und dann zwischen diesem und dem Hinterbein jederseits ausgespannten Haut ausgiebig zu fliegen (Fig. 16). Diese Einrichtung hindert sie natürlich am Stehen und Laufen; auch ruhen sie

Fig. 18.

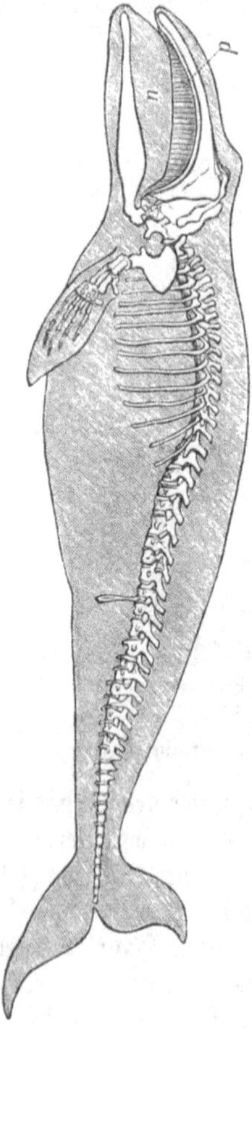

Bartenwal im Umriß mit eingezeichnetem Skelett, u Zunge, d Barten.

meist derart, daß sie sich mit zusammengelegten Flugorganen an den bekrallten Hinterfüßen aufhängen (Fig. 17). Pflanzen- und Fleischnahrung wechselt unter ihnen ab.

Ebenfalls der gewöhnlichen Lebensweise der Säuger auf festem Boden entrückt sind die Wale (Fig. 18), die dem Wasserleben noch viel mehr als die Seehunde angepaßt sind. Mangel der Behaarung, Umbildung der Vorderbeine zu wirklichen Flossen, während die Hinterbeine fehlen, endlich die Ausbildung einer (freilich horizontalen) Schwanzflosse und selbst einer Rückenflosse (Delphin) lassen sie fischähnlich erscheinen, obgleich sie in ihrer ganzen Organisation sich als echte Säugetiere erweisen. So schließt z. B. die Flosse, an der äußerlich nichts von der Gliederung eines

Säugetierbeins zu sehen ist, das deutlich kenntliche Skelett eines solchen mit Ober- und Unterarm, Handwurzel und Fingern (Zehen) ein. Ebenso atmen die Wale durch Lungen, obwohl sie dazu bloß in 1/4 stündigen Pausen an die Oberfläche des Meeres steigen. Dabei sieht man sie aus den bis zur Stirn hinaufgerückten Nasenlöchern (Spritzlöcher genannt) das darüber befindliche Wasser in hohem Strahl ausstoßen (Wasserblasen), worauf die ausgeatmete Lungenluft folgt, deren Wasserdampf durch die Abkühlung in der Atmosphäre gerade so sichtbar wird wie unser eigener Hauch in kalter Winterluft.

Die durchweg fleischfressenden Wale haben entweder ein fischähnliches Gebiß (Delphin) oder es ist ganz verschwunden und durch die fransenartig vom Oberkiefer hinabhängenden hornigen Barten (Fischbein) ersetzt (Bartenwal). In diesem Falle besteht die Nahrung in kleinen Weichtieren und Krebsen, die in Massen verschlungen werden, während das mitaufgenommene Wasser zwischen den Barten wie durch einen Seiher abfließt. — Ähnlich wie die Wale sind auch die Seekühe durch Flossenbildung der vorderen und Mangel der hinteren Gliedmaßen, durch eine Schwanzflosse usw. dem Leben im Wasser angepaßt; als Pflanzenfresser besitzen sie aber noch wirkliche Backenzähne mit breiter Mahlfläche.

Die Vögel.

Wenn von Haustieren die Rede ist, fallen wohl den meisten außer Hund und Katze, Rind und Pferd auch noch Huhn, Gans und Ente ein; und unwillkürlich denkt man dabei auch gleich an den Spatz, der sich jenen zudringlich wie ein Hausgenosse zugesellt, an den Kanarienvogel in seinem Käfig und so immer weiter an die Vögel überhaupt.

Was ein Säugetier ist, lernen wir erst durch eine Vergleichung verschiedener Vertreter dieser Klasse; denn die natürliche und unbefangene Beobachtung erfaßt den Hund, das Pferd u. dergl. nur als verschiedene, getrennte Formen. Was aber ein Vogel ist, glaubt jedermann ohne weiteres zu wissen. Woher kommt das? Nun, weil uns die Säugetiere bei sehr verschiedener Lebensweise auch entsprechend verschiedene Anpassungen ihres Körperbaus an dieselbe zeigen, und es daher einer besonderen Untersuchung bedarf, um die gemeinsamen Merkmale z. B. des Pferdes, der Fledermaus und des Walfisches zn erkennen. An den Vögeln dagegen sehen wir die gemeinsamen Merkmale in Körperbildung und Lebensweise sofort und bedürfen, umgekehrt wie bei den Säugern, einer genaueren Beobachtung, um sie sicher zu unterscheiden.

Jenes Gemeinsame der Vögel ist der Flug und die damit zusammenhängende Bildung der Flügel, des Gefieders usw. Wenn wir uns daher, ohne jede nähere Kenntnis von den Vögeln, einen solchen vorstellen sollen, denken wir unwillkürlich eher an einen im Freien fliegenden Vogel als an das Huhn oder die Ente auf unserem Hof, weil diese eben selten oder gar nicht fliegen. Und von allen Erinnerungen an Vögel haftet nicht leicht eine so fest in unserem Gedächtnis wie diejenige, die wir jährlich auffrischen, wenn wir nach der Stille des winterlichen Naturlebens den ersten Frühlingsspaziergang unternehmen und dann die Lerche mit schmetterndem Gesang sich in die Luft erheben sehen. Der erste Sommervogel — er fliegt und singt!

Der Flug ist nun freilich keine dem Vogel ausschließlich zukommende Fähigkeit. Wir wissen schon vom Flug der Fledermaus und kennen alle noch andere Flieger: den Schmetterling, die Biene, die Stubenfliege. Alle diese Tiere bewegen sich frei in der Luft, indem sie dieselbe mit weitflächigen Flügeln schlagen und sich so fortstoßen, ähnlich wie wir selbst gleich vielen Tieren im Wasser „schwimmen", d. h. durch starke und breite Stöße gegen dasselbe uns fortbewegen. So schwimmt auch der Vogel in der Luft durch den Schlag seiner ausgebreiteten Flügel.*)

Trotzdem sagen wir nicht von allen genannten Flugtieren, daß sie Flügel besäßen. Die häutigen Flugorgane des Schmetterlings, die mit seinen übrigen Bewegungsorganen, den Beinen, nichts zu tun haben, nennen wir Flügel; nicht aber ebenso die Flugorgane der Fledermaus, weil wir leicht erkennen, daß sie aus der vorderen Gliedmaße und

*) Es gibt Vögel, die sehr geschickt tauchen und sich dabei mit Flugbewegungen ihrer Flügel durch das Wasser rudern (Lumme).

der damit verbundenen Flughaut bestehen (Fig. 16). Um nun zu erfahren, ob der Flügel des Vogels ein besonderes Flugorgan in dem Sinne wie beim Schmetterling ist oder nicht, müssen wir den Gesamtbau der Vögel näher ins Auge fassen.

Wenn ein geschlachtetes Huhn oder eine Gans für

Fig. 19.

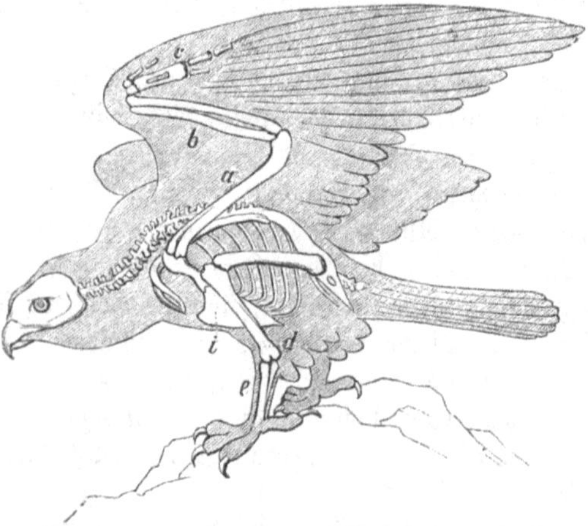

Adler im Umriß mit eingezeichnetem Skelett, a Oberarm, b Unterarm, c Hand, d Unterschenkel, e Lauf, i Brustbeinkamm.

unseren Tisch zubereitet werden soll, werden sie zuerst gerupft, d. h. die den Körper bedeckenden Federn werden ausgerissen. Dabei können wir diese Federn und ihre Verteilung am Körper bequem studieren. Sie bilden einmal ein dichtes und, wie wir von unseren Deckbetten her wissen, „warmes" Kleid um den ganzen Körper, mit Ausnahme des hornigen Schnabels und der ebenfalls mit derber Haut überzogenen Füße. Am Schwanz und den Flügeln haben sie aber eine andere Bedeutung. Der erstere besteht aus einer Anzahl fächerförmig geordneter starker Federn, die beim Flug durch wechselnde Stellung die Richtung gerade so verändern, wie das Steuer eines sich be=

Fig. 20.

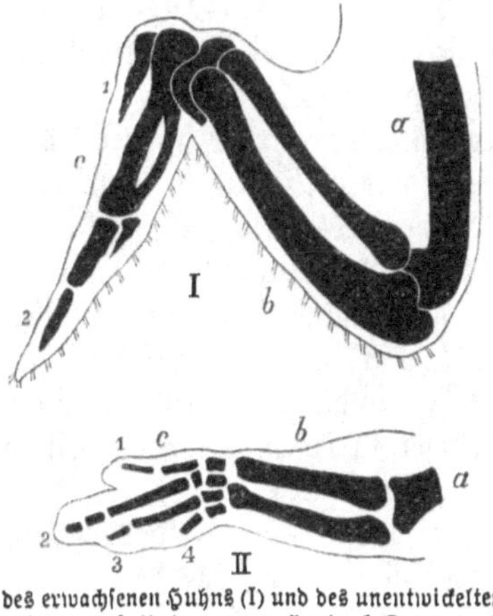

Flügelskelett des erwachsenen Huhns (I) und des unentwickelten Hühnchens im Ei (II), a Oberarm, b Unterarm, c Hand, 1 Daumen, 2—4 übrige Finger.

wegenden Botes (Steuerfedern). Die breite Fläche des ausgespannten Flügels wird ebenfalls durch solche starke, dicht zusammengelegte Federn dargestellt (Schwungfedern), die am hinteren Rande einer arm=artigen Gliedmaße ansitzen und in ihrer Gesamtheit an die Flughaut der Fledermaus erinnern (Fig. 16, 19).

Der völlig gerupfte Vogelkörper erscheint also

ganz anders wie der unversehrte lebende Vogel. Denn wir unterscheiden am Rumpf vier Gliedmaßen, von denen das hintere Paar mehrzehige Füße, das vordere Paar armartige Glieder sind, die den eigentlichen Bewegungsapparat des Flügels darstellen. Auch überzeugen wir uns leicht, daß dieses Glied ähnlich unserem Arm oder dem Vorderbein eines Hundes in drei Abschnitte (Ober-, Unterarm, Hand) gegliedert ist, und entsprechende Knochen, Gelenkverbindungen und Muskeln enthält. Ja, wenn wir ein 5—6 Tage lang bebrütetes Hühnerei öffnen, finden wir in dem darin enthaltenen, kaum zollgroßen und noch vollkommen federlosen Hühnchen das Flügelglied in ein schwimmfußähnliches Endglied mit getrennten, nur in eine gemeinsame Haut eingeschlossenen Fingerknochen auslaufen. Erst in der weiteren Entwickelung wird diese Fußbildung dadurch weniger kenntlich, daß die Finger in eigentümlicher Weise miteinander verwachsen (Fig. 20).*)

Es ist also ein solcher Flügel weiter nichts als ein Arm oder Vorderbein, das durch die an ihm hervorgewachsenen Schwungfedern gerade so wie das mit der Flughaut ausgestattete Vorderbein der Fledermaus zum Flugorgan ausgebildet ist, oder wie andererseits das Vorderbein des Delphins sich in ein Schwimmorgan (Flosse) verwandelte. Mithin ist der Flügel des Vogels nicht irgend einem anderen Flügel, z. B.

*) Das unreife Hühnchen besitzt vier Finger im Flügel, von denen aber der vierte später ebenso verschwindet wie die ursprünglich ebenfalls vorhandene fünfte Zehe des Fußes.

dem eines Schmetterlings, sondern nur dem Flugorgan der Fledermaus vergleichbar. Wenn wir das letztere nicht schlechtweg „Flügel“ nennen, so geschieht es, weil wir an ihm die Arm- oder Beinbildung der übrigen Säugetiere leicht erkennen; diese wird aber am Vogel durch die Federn und die Verwachsung der Fingerknochen verdeckt, und deshalb nennen wir seine Vordergliedmaßen nach ihrer besonderen Tätigkeit „Flügel“.

Sobald erst am Flügel unseres Huhns das Vorderbein der Säuger erkannt ist, findet sich beim Öffnen und Zerlegen desselben in der Küche und am Eßtisch die gleiche Übereinstimmung auch für die Hinterbeine, den Rumpf und Kopf. Auch der Rumpf des Vogels wird durch eine Wirbelsäule gestützt, von welcher in der Brustgegend die Rippen ausgehen, um mit dem Brustbein den festen Brustkorb zu bilden (Fig. 19). Dieser umschließt ebenfalls Lungen und Herz, sowie die übrigen Eingeweide in der Bauchhöhle Platz nehmen; Luft- und Speiseröhre steigen durch den langen Hals zu der zwischen beiden Kiefern befindlichen Mundhöhle hinauf, hinter und über welcher der Hirnschädel mit dem Hirn liegt, dessen Fortsetzung, das Rückenmark, ebenfalls das Rückgrat durchzieht. Wie bei einem Säugetier durchziehen Nerven und Gefäße den Körper des Vogels, an welchem wir auch die gleichen Sinnesorgane antreffen. Mit einem Wort, im allgemeinen Aufbau, in der Gliederung des Körpers, in der Anwesenheit aller wichtigen Organe und ihrer Leistungen ist der Vogel dem Säugetiere gleich: er empfindet ebenso durch Auge, Ohr usw., er bewegt sich mit einem ähnlichen Skelett nebst zugehörigen Muskelmassen am Rumpf, Kopf und den Gliedmaßen, er frißt und verdaut, atmet in gleicher Weise.

Und doch unterscheiden wir einen Vogel ohne alles Nachdenken von einem Hund, Eichhörnchen und jedem Säugetier, nicht weil er überhaupt fliegt — das tut auch die Fledermaus —, sondern weil bei ihm der ganze Körper ganz augenfällig für den Flug als seine wichtigste Bewegungsart eingerichtet ist.

Die Umbildung des Vorderbeins zum Flugorgan wurde schon erwähnt; für seine starke, schnelle und ausdauernde Bewegung ist aber auch eine entsprechend starke Muskulatur nötig, die sich in dem mächtigen „Brustfleisch" des Vogels findet, an dessen Stelle die Säugetiere viel dünnere Muskellagen haben. Zur Anheftung jener dicken Flugmuskeln dient ferner ein Brustbein, wie es in gleicher verhältnismäßiger Breite und Länge kein Säugetier besitzt, und in dessen Mitte zur Vergrößerung der Ansatzfläche für die Muskeln sich noch eine hohe Knochenplatte, der Brustbeinkamm, erhebt (Fig. 19).

Da nun die Einrichtung des Flügels zum Fliegen ihn zu anderen Leistungen beim Gehen und Laufen untauglich macht, so kann sich der Vogel nur auf seinen zwei Hinterbeinen tragen. Um aber dabei im Gleichgewicht zu bleiben, muß er seinen Rumpf mehr oder weniger aufrecht erheben, während die von vier Beinen gestützten Säuger horizontal gerichtet sind. Und aus demselben Grunde können die Füße des Vogels nicht einfach säulenförmig enden wie etwa bei Huftieren, sondern müssen breit auslaufen, was durch die langgespreizten Zehen erreicht wird (Fig. 19). Der über den Zehen sich erhebende Beinabschnitt der Vögel, der „Lauf", entspricht dem Mittelfuß und einem Teil der Fußwurzel. Die Vögel sind mithin Zehengänger, ausgenommen die Pinguine (s. u.).

Der Flug hat aber durch die Körperhaltung auch die Kopfbildung des Vogels beeinflußt. Denn da er sich nicht dauernd bis zum Boden gebückt halten, also nicht wie ein Huftier weiden, noch wie ein Hase an einer Wurzel oder wie ein Hund an einem Knochen nagen kann, welche Tiere dazu die vorderen Gliedmaßen zu Hilfe nehmen, so ist er gezwungen, seine Nahrung vom Boden aufzupicken, d. h. in kleinen Stücken aufzulesen. Infolgedessen sind die bei weitem meisten Vögel Körner- und Insektenfresser, die ihre Nahrung meist einfach verschlingen und erst im Magen, zwischen zwei harten Polstern desselben wie in einer Mühle zerreiben. Bei Tauben, Hühnern und einigen anderen Vögeln wird die verschluckte Nahrung, bevor sie in den Magen gelangt, noch in einer Aussackung der Speiseröhre, dem Kropf, längere Zeit geweicht. Magen und Kropf machen also ein Gebiß für die Vögel entbehrlich; und wenn wir heute wissen, daß gewisse längst ausgestorbene Vögel Zähne besaßen, so lehrt dies eben, daß die letzteren in Fortfall kamen, weil die Kiefer der Vögel durch den festen zahnlosen Hornüberzug des zugespitzten Schnabels zur beschriebenen Nahrungsaufnahme geschickter wurden.

Die Federn sind dem Vogel nicht nur an den Flügeln und dem Schwanz zum Fluge nötig, sondern auch ihr übriges Federkleid hängt mit dem letzteren zusammen. Der dauernde Aufenthalt in der Luft steigert die Abkühlung des Körpers, und um diese zu verringern, ist das dichte und daher besonders warme Federkleid unentbehrlich. Auch wird der größere Wärmeverlust durch eine höhere Eigenwärme aufgewogen: Der Vogel hat von allen Tieren die höchste Eigenwärme. Diese benutzt er aber auch dazu, die Eier, durch welche er sich fortpflanzt, zu bebrüten; und um das Brutgeschäft noch mehr zu sichern, lernten die Vögel die Kunst des Nestbaus, die zudem um so überlegter ausgeführt wird — versteckte und unkenntliche oder schwer zugängliche Nester —, je weniger die kleinen Baumeister imstande sind, die zahlreichen Feinde ihrer Brut anders als durch List abzuwehren.

Naturgemäß steigert sich das Wärmebedürfnis der Vögel in der kalten Jahreszeit, dem aber dann gerade die wenigsten unter ihnen durch gesteigerte Nahrungszufuhr zu genügen vermögen. Daher unternehmen die meisten unserer heimischen Vögel im Herbst entweder unregelmäßige Streifzüge in günstiger gelegene, nicht zu weit entfernte Gegenden (Strichvögel) oder ganz bestimmte Wanderungen in ferne südliche Länder (Zugvögel), wobei sie ihre Zugstraßen genau einhalten, um im Frühling auf eben denselben in die nördliche Heimat zurückzukehren.

So hat das Flugvermögen der Vögel in ihrem

ganzen Körper notwendige oder vorteilhafte Anpassungen und selbst bestimmte Instinkte hervorgerufen, durch die sie eine viel größere Übereinstimmung untereinander erreichen, als die Säugetiere, zugleich aber auch von diesen und anderen Tieren sich auf das leichteste unterscheiden lassen. Befiedert und geflügelt, von zwei Beinen mit gespreizten Zehen getragen, mit einem Schnabel versehen, eierlegend und nestbauend — dies sind die allbekannten Merkmale der Vögel gegenüber den Säugetieren. Was sie beide aber in ihrem allgemeinen Bau gemeinsam haben, das vereinigt sie wiederum zu einer größeren Abteilung, zu welcher noch andere Tiere gehören; diese Abteilung heißt, nach dem Hauptteil des ihr eigentümlichen inneren Skelettes, nämlich der Wirbelsäule, diejenige der Wirbeltiere.

Die große Übereinstimmung der Vögel in ihren gemeinsamen, weitgehenden Anpassungen an das Flugvermögen schließt natürlich untergeordnete Verschiedenheiten nicht aus, durch die wir sie in größere und kleinere Gruppen trennen können. Verschiedene Nahrung (Fleisch, Insekten, Pflanzenteile) und verschiedener Aufenthalt (auf Bäumen, auf dem Boden, auf dem Wasser) bedingen eben auch entsprechende Besonderheiten des Baues. Von einem Raubvogel, wie z. B. einem Adler oder einer Eule, setzen wir mit Recht voraus, daß er sich durch einen kräftigen Körperbau auszeichnet. Ein trefflicher Flieger, besitzt er in den starken, mit scharfen hakenförmigen Krallen versehenen Füßen (Fänge) und dem ebenfalls hakenförmigen spitzen Schnabel gefährliche Waffen zum Erlegen seiner Beute, lebender kleiner Säugetiere und Vögel (Fig. 19).

Fig. 21.

Specht, am Baum angeklammert.

Die Geier dagegen, die ihre meist aus Aas bestehende Nahrung nicht erst zu erlegen brauchen, haben statt jener Fänge schwächere Zehen und weniger gekrümmte stumpfe Krallen.

Allbekannt ist das Gebaren der Spechte, die an Baumstämmen hinaufkletternd, mit ihrem Schnabel die Rinde emsig und kräftig hacken, um sie stückweise abzuschlagen und die darunter verborgenen Insekten zu erbeuten (Fig. 21). Dieses beständige Klettern an den aufrechten Stämmen (Klettervögel) ist aber dem Specht nur möglich, weil seine kurzen, aber starken Füße die langen scharfkralligen Zehen paarweise nach vorn und nach hinten gerichtet tragen und daher zum Anklammern geschickt sind, und weil der aus starken Federn zusammengesetzte Schwanz durch Anstemmen gegen den Baumstamm den Körper des Vogels ganz wesentlich unterstützen kann. Ebenso gehört zu jenem Hacken ein kräftiger Schnabel, wie er gerade den Specht auszeichnet. Trotzdem wäre seine ganze Arbeit von geringem Nutzen ohne die Mithilfe eines weiteren, zweckmäßigen Werkzeuges — der Zunge. Lang und dünn, sowie mit hornigen, rückwärts gerichteten Stacheln besetzt, kann sie durch eine besondere Vorrichtung weit hervorgestreckt werden, in alle Ritzen eindringen und beim Zurückziehen alle winzigen Tiere fassen und in den Mund befördern, die dem Schnabel und einer gewöhnlichen Vogelzunge unerreichbar sind. Wir lernen daraus, wie innerhalb der allseitig für den Flug eingerichteten Organisation des Vogels doch noch sehr weitgehende Anpassungen zu anderen Zwecken möglich sind.

Zu den Klettervögeln gehören außer den Spechten noch die Papageien, deren starker hakiger Schnabel die paarzehigen Füße beim Klettern unterstützt, indem er einen Zweig so fest zu packen vermag, daß der Vogel sich daran in die Höhe ziehen kann. Wie zum Gegendienst vermögen wiederum die Füße der Papageien ihre aus Früchten bestehende Nahrung geradezu handartig zu ergreifen und zum Munde zu führen.

Der Sperling, der Fink und ihre Verwandten vertreten die artenreiche Ordnung der Sperlingsvögel, die aber eben so gut den Namen „Singvögel" verdient. Und da bei uns in der Zeit des vollkommensten Vogellebens, im Frühling und Vorsommer, der Vogelgesang eine so hervorstechende Eigenschaft der gefiederten Welt bildet, so wollen wir uns hier den Vorgang solcher Stimmbildung kurz vergegenwärtigen.

Unser eigenes Stimmwerkzeug, der unmittelbar hinter und unter der Zunge gelegene Kehlkopf, hat eine ähnliche Einrichtung wie eine Orgelpfeife. So wie in dieser Tonschwingungen erzeugt werden, indem ein von außen eingetriebener Luftstrom zwischen zwei vibrierenden Plättchen hindurchstreicht, so geschieht es in unserem Kehlkopf durch die aus der Lunge ausgestoßene Luft, die dort durch die verengte Stimmritze hindurchgetrieben, die beiden sie begrenzenden Stimmbänder in Schwingungen versetzt. Bei allen Säugetieren, die über eine Stimme gebieten, entsteht sie auf dieselbe Weise; bei Vögeln dagegen ist der gewöhnliche (obere) Kehlkopf zur Stimmerzeugung nicht geeignet, sondern diese wird durch den ihnen eigentümlichen „unteren" Kehlkopf am Ende der Luftröhre vermittelt. Die Leistungsfähigkeit dieses Toninstruments ist allbekannt; auch läßt sich nicht leugnen, daß der Gesang der Vögel in höherem Grade als die Stimmen der Säugetiere der Ausdruck verschiedener Empfindungen ist und wie eine Sprache zu einer gewissen Verständigung dient.

Der Sperling ist aber nicht der einzige unserer Hausgenossen, der eine Ordnung der Vögel vertritt; dies tun auch Taube und Huhn, Storch und Ente. Die zwei ersteren haben das gemeinsam, daß sie unter den Vögeln die ältesten Haustiere sind und daher als solche die größte Zahl von Zuchtrassen stellen. Im übrigen gehen sie in dem Hauptmerkmal der Vögel, dem Fluge, sehr weit auseinander. Denn wenn die Tauben mit ihren schwachen Füßen zu den besten Fliegern gehören, so ist das Flugvermögen der Hühner so zurückgegangen, daß sie sich vorherrschend laufend auf ihren starken Füßen fortbewegen. Der Storch ist der richtige Vertreter der Sumpfvögel, deren Stelz- oder Watbeine für den Aufenthalt im Sumpf wie geschaffen erscheinen, aus dem sie mit ihrem langen Schnabel sich die Beute, nämlich verschiedene kleinere Wassertiere holen.

Die Ente zeigt schon durch ihre die Zehen verbindende Schwimmhaut den echten Schwimmvogel an, der sich in der Regel mehr auf dem Wasser, als in der Luft und auf dem Lande aufhält. Dabei leistet ihr der breite und platte, an den Rändern quer gerillte oder gesägte Schnabel beim Nahrungserwerb die besten Dienste; denn indem der untergetauchte Vogel mit ihm im Schlamm „gründelt", behält er die gefundenen kleinen Wassertiere im Schnabel zurück, während das Wasser zwischen jenen Rändern wie durch ein Sieb abfließt. Doch gibt es unter den mit Schwimmfüßen versehenen Vögeln auch vortreffliche Flieger, die aus der Luft auf ihre Fischbeute hinabstoßen (Möwe u. a.); andererseits freilich auch vollkommen flugunfähige Geschöpfe.

Schon unter den Säugetieren lernten wir solche kennen, welche die in dieser Abteilung übliche Lebensweise auf dem festen Lande ganz aufgegeben haben, indem sie zum Flugtier (Fledermaus) oder zum Wassertier (Walfisch) wurden. Auch unter den Vögeln kommen solche Abtrünnige vor, deren verkümmerte Flügel zum Flug untauglich geworden sind. So hat der zu den Schwimmvögeln gehörige Pinguin seine Flügel in flossenförmige Gebilde verwandelt, die er als Ruder benützt: ihr Skelett ist abgeplattet, und das Flügelgefieder besteht aus schuppenförmigen festgefügten Federn (Fig. 22).

Fig. 22.

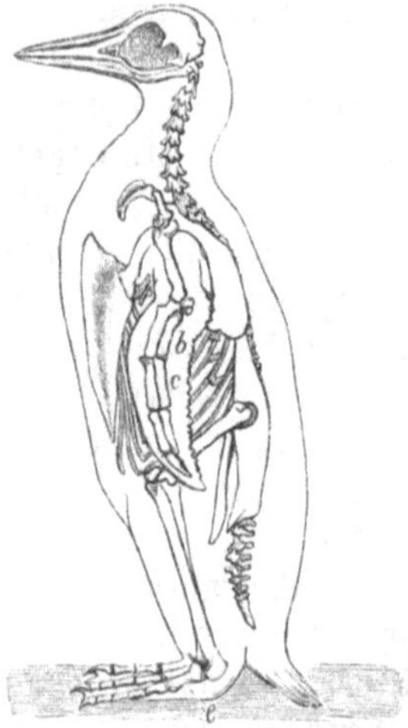

Pinguin, b Unterarm, c Hand, e Lauf.

Aber nicht nur der Flug ist den Pinguinen verloren gegangen, sondern auch ihr aufrechter Gang auf den Zehen und dem kurzen Lauf — sie sind die einzigen Sohlengänger unter den Vögeln — ist äußerst schwerfällig, so daß sie in der Tat das Wasser als ihr eigentliches Element betrachten, in welchem sie sich schwimmend und tauchend um so vorzüglicher bewegen.

Eine andere Abweichung von der eigentlichen Fortbewegungsart der Vögel hat sich beim Strauß entwickelt. Er kann nämlich infolge der Verkümmerung der Flügel nur laufen, aber freilich mit erstaunlicher Schnelligkeit, wozu ihn die überaus kräftigen Beine befähigen. Mit der Verkümmerung der Flügel ist auch der Schwund des Brustbeinkamms und folglich eine merkliche Abnahme der Brust- (Flug-) Muskulatur Hand in Hand gegangen.

Die Kriechtiere.

Wir haben uns schon gemerkt, daß die Säugetiere und Vögel, so leicht sie sich auch von einander unterscheiden lassen, dennoch eine große Zahl von Merkmalen gemeinsam haben, die sie in der größeren Gruppe der Wirbeltiere vereinigen. Mit den gleichen Merkmalen gesellen sich ihnen aber auch noch andere Tiere zu, von denen wir manche bei näherer Umschau in Haus und Garten, in Wald und Feld kennen lernen.

Wer an einem recht sonnigen Sommertage an ein verfallenes Gemäuer, Felsgeröll oder selbst einen einfachen Steinhaufen herantritt, die im vollen Sonnenschein liegen, wird nicht selten eins von jenen schlanken und behenden, aber scheuen Tierchen zu Gesicht bekommen, die wir Eidechsen nennen (Fig. 23). Wir sehen sie den langgeschwänzten Rumpf auf vier niedrigen, aber wohl entwickelten, in Zehenfüße auslaufenden Beinen tragen. Wenn die Eidechse neugierig den Kopf zu uns emporrichtet, bemerken wir die klaren Augen, einen dunklen Fleck (Trommelfell) an der Stelle des Ohrs, kleine Naslöcher, einen weiten Mund und, wenn sich dieser öffnet, eine flinke gespaltene Zunge zwischen den dichten Zahnreihen hervorschnellen. Die Zergliederung einer toten Eidechse würde uns auch überzeugen, daß ihr ganzer Körperbau auffallend demjenigen der Säugetiere und Vögel gleicht, kurz, daß wir hier es wieder mit einem Wirbeltier zu tun haben.

Freilich unsere Eidechse ist weder gefiedert, noch geflügelt, ist also kein Vogel; sie ist auch trotz ihrer vier Zehenfüße kein Säugetier, denn ihr fehlt die Behaarung, und statt ihre Jungen zu säugen, läßt sie die gelegten Eier an der Sonne ausbrüten. Sie ist dagegen mit hornigen Schildern und Schuppen bedeckt; und da wir wissen, daß das Haarkleid der Säugetiere und das Federkleid der Vögel die Abkühlung dieser „Warmblüter" beschränken sollen, so dürfen wir aus jener Körperbedeckung der Eidechse schließen, daß ihr Wärmebedürfnis ein geringeres ist. Sie ist in der Tat ein wechselwarmes Tier (Kaltblüter), d. h. ihre Eigenwärme steigt und fällt mit der Temperatur ihrer Umgebung und kann daher bedeutend sinken, ohne daß ihr Leben gefährdet ist.

Wenn die Eidechse aber auch bei einer Abkühlung, die bei den warmblütigen Vögeln und Säugetieren unfehlbar den Tod herbeiführte, noch lebensfähig bleibt, so wird doch ihre Lebenstätigkeit gleichzeitig merklich herabgemindert. Daher verfällt sie auch beim Beginn des Winters, in einem Schlupfwinkel verborgen, in eine Erstarrung, während welcher Bewegung und Ernährung ruhen und das Atmen und der Blutumlauf außerordentlich verlangsamt sind.*) Aber auch im Sommer ruht die Eidechse mehr in ihrem Versteck, als sie im warmen Sonnenschein spielt; und selbst ihre Bewegungen, welche wir flink

Fig. 23.

Mauereidechse.

nennen, werden in der Regel nur mehr stoßweise, mit fortwährenden Unterbrechungen ausgeführt. Dabei krümmt sie ihren langen Körper zur Seite und

*) Ähnliche Zustände eines „Winterschlafs“ sind nur ausnahmsweise von einigen Säugetieren, wie z. B. dem Siebenschläfer, Murmeltier u. a. bekannt.

streckt ihn plötzlich, wobei er vorgeschnellt wird, weil die Hinterbeine als Nachschieber wirken (Fig. 23). Diese Fortbewegung, wobei der ganze den Boden beinahe berührende Körper mit tätig ist und die Gliedmaßen ihn mehr schieben als tragen, nennen wir „kriechen“ und daher die Eidechse ein wechselwarmes, beschupptes Kriechtier. Auch ihre Sprünge vollführt sie mehr durch ein Aufschlagen des Schwanzes auf den Boden, als durch ihre Beine.

Im Zusammenhang mit diesen Eigenschaften unserer Eidechse steht die Tatsache, daß sie und ihre Verwandten bei ihrer großen Abhängigkeit von der äußeren Temperatur sich nur in gemäßigten und warmen Zonen und als Kriechtiere auf dem Erdboden aufhalten. Allerdings kann auch die gemeine Eidechse mit Hilfe ihrer scharfen Krallen klettern; die eigentlichen Klettertiere unter den Eidechsen brauchen aber dazu ganz besondere Vorrichtungen. Der gemeine Gecko, der schon in ganz Südeuropa angetroffen wird, ist imstande, an senkrechten und selbst überhängenden Wänden auf und ab zu klettern, indem jede Zehe mit einem eigentümlichen Haftapparat versehen ist, der sie fest an die Unterlage anpreßt (Haftzeher). Noch vollkommener an eine besondere Lebensweise angepaßt sind die, freilich erst in Afrika heimischen, aber bei uns häufig eingeführten und daher ziemlich bekannten Chamäleonen (Fig. 24).

Das Chamäleon ist als ganz ausschließlicher

Baumbewohner ein vollkommenes Klettertier. Seine fünf Zehen werden zu zwei und drei einander entgegengesetzt wie diejenigen der Klettervögel, und mit diesen Klammern umgreifen seine vier Füße hinter

Fig. 24.

Chamäleon mit der Zunge eine Fliege fangend.

einander stehend einen Zweig. Dabei kann es natürlich seinen Körper nicht wie die gemeine Eidechse zwischen den Füßen bis zur Unterlage hinabsinken lassen, sondern erscheint vielmehr hochbeinig mit schmalen hohen Rumpf. Endlich benützt es zur

Aufrechterhaltung auf den schwanken Zweigen außer den Klammerfüßen noch seinen Wickelschwanz (Fig. 24). So angeklammert verharrt es meist lange Zeit unbeweglich auf seinem Platz und lauert auf Beute, Insekten jeder Art. Jede Annäherung eines solchen wird sofort bemerkt, von welcher Seite es auch kommen mag und obgleich unser kleiner Räuber seinen Kopf nicht wendet. Wir verstehen dies erst dann, wenn wir seine Augen näher betrachten. Groß und halbkugelig vorgewölbt, sind sie ganz von einer Augenlidhaut überdeckt, in deren Mitte sich bloß ein kleines Fenster genau vor der Pupille befindet. Am merkwürdigsten ist aber, daß die beiden Augen unabhängig von einander und zudem recht ausgiebig bewegt werden können, so daß das Chamäleon gleichzeitig auf beiden Seiten die ganze weitere Umgebung zu mustern vermag, ohne den Kopf zu wenden. Kommt nun das bemerkte Insekt in eine passende Nähe, so schnellt das Chamäleon seine lange, beinahe stabförmige und in einen klebrigen Stempel auslaufende Zunge gegen das erstere vor und zieht dann die anhaftende Beute in den Mund.

Auf diese Weise ist das träge Chamäleon imstande, auf dünnen Zweigen, wohin ihm nicht so leicht eine andere Eidechse folgen könnte, sich dauernd aufzuhalten und, ohne sich vom Fleck zu rühren, dieselbe Beute zu erhaschen, die andere ähnliche Kriechtiere im Lauf und Sprung erjagen. Dagegen besitzt der indische fliegende Drache, ein kleiner harmloser Baumbewohner, in seiner jederseits durch verlängerte

Fig. 25.

Reste einer ausgestorbenen Flugeidechse (Archaeopteryx).

Rippen gestützten Flughaut einen vorzüglichen Fallschirm, der ihm gestattet, von einem Zweig aus in weitem Sprung seine Beute zu erfassen und sicher auf einen andern Zweig sich niederzulassen.

Dies ist nun freilich kein eigentlicher Flug zu nennen, und dennoch stehen die Eidechsen überhaupt den Vögeln näher als irgend ein anderes Tier. Denn wir kennen versteinerte Reste von ausgestorbenen Eidechsen, die noch die vier Laufbeine besaßen, aber an den vorderen, statt jener unvollkommenen Flughaut der Drachen, bereits lange Schwungfedern trugen und einen befiederten Schwanz besaßen (Fig. 25). Durch diese mit Recht so genannten Flugeidechsen wird also die Kluft zwischen den Vögeln und anderen Wirbeltieren genügend ausgefüllt.

Die Eidechsen führen uns aber ferner zu ganz anders gearteten Kriechtieren hin. Wer einmal auf die uns umgebende Tierwelt aufmerksam geworden ist, sieht auf einem seiner Spaziergänge gewiß außer den vierfüßigen Eidechsen auch noch die bronzefarbenen, schlangenähnlichen Geschöpfe, die wir Blindschleichen nennen. Ihnen fehlen die Beine vollständig, und doch gehören sie nach ihrem inneren Bau zu den Eidechsen; wie man denn noch andere Eidechsen kennt, welche alle Übergänge von den gewöhnlichen Arten mit gut entwickelten Beinen bis zu den Blindschleichen darstellen. In dieser Reihe sehen wir die Beine ganz allmählich verkümmern, zugleich aber auch den Körper sich mehr und mehr schlangenförmig strecken, bis die Blindschleiche sich wenigstens äußerlich völlig schlangenähnlich zeigt. Dies ist keine bedeutungslose Äußerlichkeit; denn der Körper einer gewöhnlichen Eidechse würde, seiner Beine beraubt, sich wahrscheinlich gar nicht fortbewegen können, während die Blindschleiche durch wechselnde Krümmungen ihres langgestreckten schlangenähnlichen Körpers — wir sagen ja auch: durch Schlängelung — sich auf dem Boden mit genügender Behendigkeit fortbewegt, kriecht. Dabei bildet die Reibung längerer Körperabschnitte, die durch die aufgerichteten Rippen an den Boden gestemmt werden, die Stützpunkte für die Vorschiebung der vorderen und die Heranziehung der hinteren Abschnitte. Die Verlängerung des Körpers steht also im notwendigen Zusammenhang mit dem Verlust der Beine.

Ein eben so gemeines Kriechtier wie Eidechse und Blindschleiche ist unsere heimische Ringelnatter, ein sehr unschuldiger Vertreter des vielgefürchteten Geschlechts der echten Schlangen. Ihre wenig gefleckte graue Oberseite und der große gelbe Fleck jederseits hinter dem Kopfe kennzeichnen sie zur Genüge. Allerdings denken viele Menschen, wie bei jeder Schlange, so auch bei der Ringelnatter gleich an das wilde, grausame Raubtier, das seine Beute, Frösche, Mäuse u. dergl. lebend erfaßt und verschlingt. Tut aber nicht jeder von unseren allbeliebten Singvögeln genau dasselbe, wenn er nach Fliegen und Käfern schnappt und sie lebend verschlingt? Ist er im Grunde nicht noch viel grausamer, wenn er unzählige Male auf eine lebende Raupe pickt, bis er sie in passende Stücke zerrissen? Ihn nennt niemand ein Raubtier oder grausam, weil jene seine Nahrung nur Insekten sind; mit Grauen betrachtet man aber die Ringelnatter, die etwa bei der Fütterung einen Frosch allmählich verschlingt. Denn am Frosch sehen wir die Bildung eines Wirbeltiers, wie wir selbst sie auch besitzen; wir übertragen daher ohne weiteres unsere eigenen Empfindungen auf ihn, wir glauben an seinen Schmerz. Dem Käfer, der Raupe gegenüber fehlt uns dieser Vergleich und ungerührt sehen wir ihre Qualen, obgleich diese Tiere wahrscheinlich viel empfindlicher, feinfühliger sind, als ein Frosch. Es ist dies ohne Zweifel eine Ungerechtigkeit, die lediglich einer gar zu oberflächlichen Kenntnis vom Leben der Tiere entspringt.

Nicht minder ungerecht ist es aber überhaupt, mit unseren Empfindungen auch gleich unsere ganze Auffassung von denselben auf die Tiere zu übertragen und sie z. B. bei dem ihnen notwendigen Nahrungserwerb grausam zu nennen. Was das Tier dabei tut, geschieht, weil es von der Natur dazu eingerichtet ist; nur wir selbst sind grausam, wenn wir ähnliches tun, weil wir eben imstande sind, es zu unterlassen oder in nicht grausamer Weise auszuführen.

Und nun wollen wir zusehen, in welcher Weise die Ringelnatter von der Natur zu der Art von Ernährung eingerichtet ist, die uns zuerst mit Unrecht grausam erscheint.

Ihre ganze Bewegungsfähigkeit beschränkt sich auf ein langsames Kriechen über den Boden hin. Allerdings sehen wir unsere scheue Ringelnatter, wenn sie bei unserem Nahen die Flucht ergreift, schnelle Bewegungen ausführen; sie „schlängelt“ sich lebhaft, aber kommt doch verhältnismäßig langsam von der Stelle. Und dazu bedarf sie des energischen Kraftaufwandes ihres ganzen Körpers. Daher ruht sie viel mehr, als sie kriecht: eine höchst ungünstige Eigenschaft etwa für einen emsig suchenden Insektenfresser. Auch die Pflanzennahrung ist unserer Natter versagt, denn sie erfordert ein Kauen (Säuger) oder Aufpicken (Vögel), also eine dauernde freie Haltung und Bewegung des Kopfes, wozu die Schlange nicht imstande ist. Endlich ist sie auch als eigentliches Raubtier in der Wahl ihrer Nahrung beschränkt, weil sie ihre Beute weder mit Hilfe von Gliedmaßen ergreifen, noch zerkleinern, sondern nur mit dem Maul erfassen und ganz verschlingen kann.

So sehen wir also die Ringelnatter nicht infolge irgend welcher grausamen Neigung, sondern durch ihren Bau auf die ihr eigentümliche Ernährungsart hingewiesen. Um die des Kauens nicht bedürftige Fleischnahrung mit möglichst geringem Aufwand von Körperbewegungen zu erlangen, wird sie dieselbe selten, aber in größerer Masse und nicht durch Jagen, sondern durch Beschleichen und mit raschem Vorstoß zu erbeuten suchen, um sie darauf ganz zu verschlingen. In der Tat gibt es kein Tier, das so selten Nahrung zu sich nimmt, wie die Schlange, keines, das so große Bissen verschlingt, wie sie, nämlich Beutetiere, die viel dicker sind, als sie selbst.

Dazu bedarf es freilich besonderer Einrichtungen ihres Körpers.

Der Ober- und Unterkieferapparat der Schlange ist nämlich anders wie bei den übrigen Kriechtieren oder den Vögeln und Säugern aus lauter beweglich verbundenen Stücken zusammengesetzt und mit starken nach hinten gerichteten Hakenzähnen besetzt. Sobald nun die Ringelnatter ihre Beute, sei es ein Frosch oder eine Maus, gepackt hat, erhebt sie einen einzelnen Teil des Kieferapparats und schiebt ihn etwas über die Beute vor, um seine Zähne weiter vorn wieder in dasselbe einzuschlagen. Dann folgt ein anderer Kieferteil, und so fort, so daß, während die Beute unentrinnbar festgehalten wird, die Kiefer langsam, aber sicher über sie vorrücken, wobei ihre lockere Verbindung eine erstaunliche Erweiterung des ganzen Maules gestattet. Auch die Rippen der Schlangen entbehren jeder Verbindung an der Bauchseite, so daß sie während des Durchganges des großen Bissens durch die Speiseröhre, durch den Magen und den Darm entsprechend auseinander gebogen werden können.

Endlich könnte hier jemand fragen, ob denn bei diesem langsamen Schlingakt für die Schlange keine Erstickungsgefahr eintritt? Auch dafür hat die Natur aufs beste gesorgt, indem die Luftröhre am Boden der Mundhöhle bis gegen die Kinngegend reicht und so ein, vielleicht etwas behindertes Atmen während des Schlingens ermöglicht. Auch erstreckt sich die Lunge durch den ganzen Rumpf und enthält in ihrem sackförmigen hintersten Abschnitt, der zum Atmen nicht geeignet scheint, einen Luftvorrat, der bei jener Behinderung des Einatmens benutzt werden kann. Wir können also von der Ringelnatter lernen, wie vollkommen Körperbau und Lebensweise sich einander anzupassen vermögen.

In Moorgegenden und waldigen Gebirgen haust aber in ganz Europa auch eine echte Giftschlange —

Fig. 26.

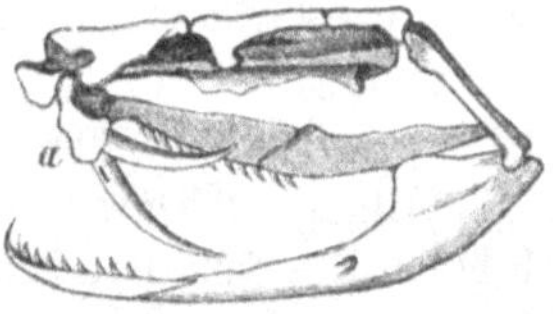

Schädel einer Giftschlange, a Oberkiefer mit den Giftzähnen.

die Kreuzotter. Der durchbohrte große Giftzahn, durch dessen Kanal das Gift in die Bißwunde fließt, sitzt vorne im Munde an einem sehr kurzen, beinahe kugeligen und sehr beweglichen Oberkieferknochen (Fig. 26). In der Ruhe ist derselbe so gedreht, daß der Giftzahn wagerecht nach hinten gerichtet in einer Tasche der Mundschleimhaut ruht. Während sich der Mund öffnet, dreht sich aber der Oberkiefer mit dem Giftzahn nach vorn, so daß dieser gerade in den gefaßten Gegenstand eingeschlagen werden und eine ausgiebige Wunde verursachen kann, deren Blut sofort vergiftet wird. Die Kreuzotter ist das einzige Geschöpf unserer einheimischen Tierwelt, dessen Gift auch dem Menschen gefährlich wird; einige Vorsicht ist auch darum geboten, weil sie äußerlich von der giftlosen glatten oder Schlingnatter nicht leicht zu unterscheiden ist. Sie ist sich übrigens ihrer gefährlichen Waffe wohl bewußt; denn während die viel größere Ringelnatter bei der Annäherung des Menschen sofort entflieht, weicht die kleine Kreuzotter ihm nicht aus und setzt sich sofort zur Wehr.

Manche Schlangen, worunter auch die Ringelnatter, sind vorzügliche Schwimmer; doch gibt es auch solche, die ganz im Wasser leben, so die giftigen Seeschlangen, deren Schwanz durch eine starke seitliche Abplattung auf seine Befähigung zum Rudern deutlich hinweist. Im allgemeinen sind aber die Schlangen wenig verschieden, dagegen von den Echsen leicht zu trennen, indem die beschriebene Einrichtung ihres Kieferapparats auch gegenüber den äußerlich schlangenähnlichen Echsen z. B. der Blindschleiche, ein untrügliches Merkmal bildet.

In ihrer äußeren Erscheinung nähert sich eine dritte Ordnung der Kriechtiere, die Krokodile, wiederum sehr den Eidechsen. Große, stark gepanzerte, wasserbewohnende Tiere, wie das Nilkrokodil und der amerikanische Alligator, sind sie auf wärmere Zonen beschränkt und erregen unser Interesse um so weniger, als sie sich außerordentlich träge erweisen. Dagegen verdient die letzte Ordnung, die Schildkröten, einige Beachtung wegen ihres ganz absonderlichen Baues.

Die häufig in Gefangenschaft gehaltenen und daher ziemlich bekannten Arten, die griechische Landschildkröte und die gemeine europäische Sumpfschildkröte, sind an ihrer hornigen Hautdecke und

Fig. 27.

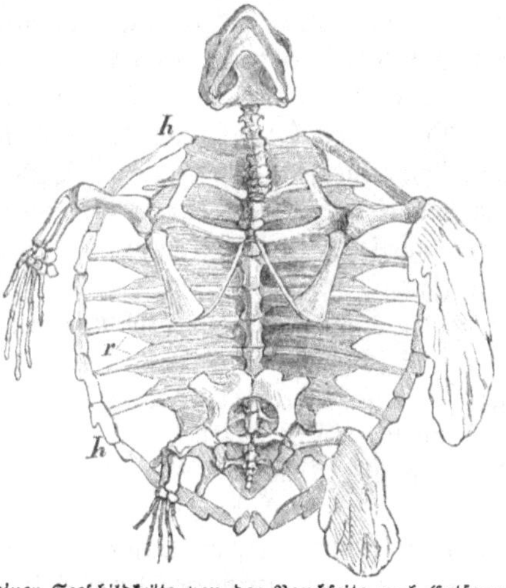

Skelett einer Seeschildkröte von der Bauchseite nach Entfernung des Bauchschildes, r Rippen, h Randplatten. An den linken Gliedmaßen ist der Hautüberzug erhalten.

an ihrem schwerfälligen Gang als Kriechtiere nicht zu verkennen. Doch tragen und schleppen sie sich nur mit ihren kurzen, aber starken Gliedmaßen, während der völlig unbewegliche, breite Rumpf zur Fortbewegung nichts beiträgt. Er ist nämlich in eine feste, aus einem Rückenschilde und einem damit verbundenen Bauchschilde gebildete Kapsel eingeschlossen, durch deren vordere Öffnung Kopf, Hals und Vorderbeine, durch die hintere Öffnung Schwanz und Hinterbeine eingezogen werden können. Trotzdem ist diese Kapsel keine völlig neue Bildung, sondern besteht am Rücken aus den bis an die Haut vorgedrängten und bis zur Berührung verbreiterten Rippen und Wirbelfortsätzen, an die sich am Seitenrande und am Bauch sogenannte Hautknochen anschließen, die „Randplatten" und das Bauchschild. Da diese Hautknochen alle inneren Teile, also auch den Schultergürtel und das Becken überlagern, so kommen die letzteren eben innerhalb der Kapsel zu liegen (Fig. 27).

Die ganze Kapsel ist von großen Hornplatten bedeckt; die abgelösten, aufgeweichten und dann in beliebige Formen gepreßten Hornplatten gewisser Schildkrötenarten liefern das bekannte Schildpatt. Auch die zahnlosen Kiefer der Schildkröten sind wie ein Vogelschnabel von hornigen Überzügen bedeckt.

Wie alle Kriechtiere sind die Schildkröten wechselwarme Tiere, mit einem geringeren Atembedürfnis als die Warmblüter. Damit steht im Zusammenhang, daß die sackförmigen Lungen der Schildkröten wie aller Reptilien eine viel kleinere innere Atmungsfläche besitzen als diejenigen der Vögel und Säuger und daß ihr unvollkommen geteiltes Herz eine Mischung arteriellen, sauerstoffreichen und des venösen sauerstofffreien Blutes gestattet. Dadurch wird einerseits die Aufnahme von Sauerstoff verlangsamt und andererseits jedem Körperteil weniger Sauerstoff zugeführt.

Wie schon die Namen Land-, Sumpf-, Fluß-, Seeschildkröten besagen, sind Aufenthalt und Lebensweise dieser Tiere sehr verschieden. Dem paßt sich auch der Bau, namentlich der Gliedmaßen an. Die Landschildkröten haben plumpe Gangfüße mit verwachsenen Zehen, die Sumpf- und Flußschildkröten durch Schwimmhäute verbundene Zehen, die Seeschildkröten endlich, die das Wasser am wenigsten verlassen, nach hinten gerichtete Flossenfüße, deren Zehen in eine gemeinsame platte Hautscheide eingeschlossen sind (Fig. 27).

Die Lurche.

Um eine Eidechse oder eine Ringelnatter im Freien zu erspähen, bedarf es schon einiger Aufmerksamkeit. Was man aber nicht zu suchen braucht, sondern wohl bei jedem Gange durch Wiesen, an stehenden Gewässern vorbei in der wärmeren Jahreszeit zu sehen bekommt, das ist der Frosch.

Wir brauchen uns nicht lange dabei aufzuhalten, daß der Frosch ebenfalls ein Wirbeltier ist; das verrät schon sein Äußeres und das durch die nackte, schlüpfrige Haut hindurch leicht fühlbare Skelett der Gliedmaßen, des Rumpfes und des Kopfes. Eine nähere Untersuchung seines inneren Baues lehrt uns vollends, daß er in den Hauptmerkmalen mit den

Kriechtieren, Vögeln und Säugetieren übereinstimmt. Innerhalb dieser allgemeinen Übereinstimmung weist er aber sehr bemerkenswerte Eigentümlichkeiten auf, die ihn als Vertreter einer besonderen Abteilung der Wirbeltiere, eben der Lurche, kennzeichnen.

In den ersten Frühlingswochen sieht man ganz gewöhnlich an der Oberfläche stehender Gewässer gallertartige Klumpen schwimmen, die von winzigen schwarzen Kügelchen durchsetzt sind. Dies sind die Eier des gemeinen Grasfrosches, die also weder in eine feste Schale eingeschlossen sind, noch so abgelegt werden, daß die ausschlüpfenden Jungen an die Luft kommen. Diese bleiben in der Tat monatelang im Wasser und zeichnen sich in dieser Zeit sehr auffällig vor den erwachsenen Fröschen aus, indem sie wenigstens anfangs noch keine Gliedmaßen, dafür aber am Hinterende des kurzen birnförmigen Körpers einen langen Ruderschwanz besitzen (Fig. 28 II). Man nennt eine solche, in Gestalt und Lebensweise bedeutend abweichende Vorstufe des fertigen Tieres eine Larve, ihre Verwandlung in das letztere eine Metamorphose.

Nun haben wir schon eine ganze Reihe recht verschiedener Wirbeltiere kennen gelernt, darunter auch manche Wasserbewohner; keines von ihnen wechselt aber in seiner Lebensweise derart, daß es in der Jugend ein vollkommener Wasserbewohner, später ein Landbewohner ist. Und auch die Seehunde, Waltiere und Seeschildkröten bleiben trotz ihrer Fähigkeit, verhältnismäßig lange unter Wasser auszuhalten,

Luftatmer, die dauernd untergetaucht ebenso ersticken müßten wie jedes Landtier. Wenn wir dagegen einige Tage, nachdem wir die Froscheier im Wasser bemerkt, an dieselbe Stelle zurückkehren, finden wir die Gallertklumpen leer und die ausgeschlüpften kleinen schwarzen Larven am Grunde des Wassers liegen und ab und zu durch schlängelnde Bewegungen ihres Ruderschwanzes schwimmen, ohne jedoch an die Oberfläche aufzusteigen, um dort zu atmen. Wie geht dies zu? Haben die Froschlarven überhaupt kein Atembedürfnis?

Kein Tier kann die Atmung, d. h. die Aufnahme von Sauerstoff in seinen Körper entbehren; damit ist aber nicht gesagt, daß alle Tiere in der Luft und durch Lungen atmen müssen. Auch das Wasser enthält Luft, also auch Sauerstoff in feinverteiltem Zustande; und diese Luft kann von wasserbewohnenden Tieren, welche dazu geeignete Einrichtungen besitzen, gerade so geatmet werden, wie wir in der Luft selbst atmen. Die Organe für die „Wasseratmung" heißen Kiemen und sind blattförmige oder verzweigte blutreiche Auswüchse an der hinteren, unteren Seite des Kopfes, die aber gewöhnlich unter einer Platte oder einem häutigen Vorhang, dem Kiemendeckel, verborgen sind. An jedem in unsere Küche gelieferten Fisch können wir diesen Deckel (auch „Fischohr" genannt) leicht zurückschlagen und darunter die gebogenen kammförmigen Reihen der blutroten Kiemen erblicken (Fig. 29). Dabei sehen wir ferner, daß zwischen je zwei (Doppel-)Reihen jeder Kopfseite eine spaltförmige Öffnung in die Mundhöhle führt. Diese Kiemenspalten sind nötig, damit das durch den Mund aufgenommene Wasser nach außen abfließen und dabei die Kiemen zur Atmung umspülen kann.

Ähnliche, anfangs freie, dann verdeckte, Kiemen besitzen nun ebenfalls die kleinen Froschlarven (Fig. 28 II), daneben freilich auch Lungen, die zur Zeit der Metamorphose, wann der Schwanz und die Kiemen verschwinden und die Beine hervortreten, als einzige und definitive Atemorgane zurückbleiben. Die Frösche sind daher wenigstens in der Jugendzeit wahre Doppelatmer, und andere Lurche behalten den Schwanz und die doppelten Atemorgane sogar zeitlebens, ohne sich zu verwandeln. Wo wir aber bei Lurchen Kiemen und Lungen gleichzeitig antreffen, sind die ersteren die bevorzugten Atemorgane. Die lebenslänglichen Doppelatmer oder Kiemenmolche (Fig. 28 I) verlassen daher das Wasser gar nicht; die Frösche und Kröten dagegen bewohnen es ausschließlich nur in ihrer Larvenzeit.

Die vorübergehende oder bleibende Doppelatmung ist der wichtigste, aber nicht der einzige Unterschied der Lurche von den Kriechtieren, Vögeln und Säugetieren. Ihre „nackte", d. h. weiche und durch keinerlei Horngebilde geschützte Haut kennzeichnet sie schon als wechselwarme Tiere und unterscheidet sie gleichzeitig von den geschuppten oder gepanzerten Kriechtieren.

Die am weitesten verbreiteten und bekanntesten Lurche lassen sich leicht in zwei Abteilungen sondern: die ungeschwänzten froschartigen Tiere und die langgeschwänzten Molche. Die ersteren, durch den braunen Grasfrosch, den grünen Wasserfrosch und die gemeine Kröte vertreten, sind kurz, breit und mit kräftigen Gliedmaßen versehen, von denen insbesondere das hintere Paar durch die Länge aller Abschnitte als Sprungbeine und durch große Schwimmhäute auch als Schwimmbeine sich kundgibt. Nur die warzige Kröte ist mit ihren schwächeren Beinen

Fig. 28.

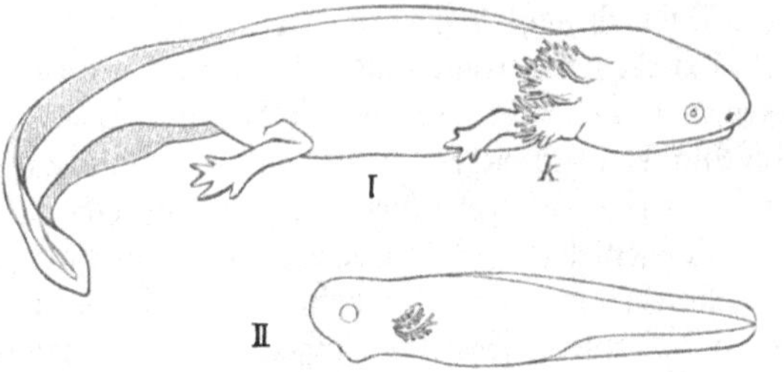

I Mexikanischer Kiemenmolch (Axolotl), II junge Froschlarve, k Kiemen.

weniger sprungfähig, während der Laubfrosch mit den Haftscheiben an den Zehenenden imstande ist, auf den Bäumen, die er ständig bewohnt, bequem zu klettern. Seine leicht vorgestoßene Zunge benutzt er wie das Chamäleon zum Einfangen von Insekten. Diese und Schnecken sind überhaupt die Hauptnahrung aller Lurche, und wenn gerade die Kröte wegen des ätzenden Saftes, den sie aus ihrer Haut herausdrückt, der aber nur gegenüber kleinen Tieren von nachdrücklicher Wirkung ist, als giftiges Tier verfolgt wird, so rächt sich dieses ungerechte Verfahren dadurch, daß, wo die Kröten vertilgt werden, die Schnecken, die Verwüster der Gemüse und anderer Pflanzen, überhandnehmen.

Der gemeine Wassermolch besitzt, obgleich im Frühling und Sommer ein ständiger Wasserbewohner, keine Kiemen, sondern Lungen, dafür aber neben vier schwachen Gliedmaßen am verlängerten schmalen Rumpf einen abgeplatteten Ruderschwanz, dessen Bewegungen dieses Tier durchs Wasser treiben.

Dadurch nähern sich die Molche, wie wir gleich sehen werden, den Fischen und unterscheiden sich von den Fröschen, die durch kräftige Stöße ihrer Beine sich im Wasser fortbewegen, worin wir sie bekanntlich bei unserem eigenen regelrechten Schwimmen nachahmen.

Die zeitlebens mit Kiemen versehenen molchartigen Lurche sind mit einer Ausnahme, dem Olm in den Krainer Grotten, Bewohner außereuropäischer Länder. Von ihnen ist aber eine Art gegenwärtig auch in kleineren Aquarien gelegentlich anzutreffen — der aus Amerika eingeführte Axolotl (Fig. 281). Merkwürdigerweise vermag sich dieses Tier, wenn man ihm das Wasserleben systematisch beschränkt, in einen kiemenlosen landbewohnenden Molch zu verwandeln.

Die Fische.

Wir merkten uns schon, daß die Doppelatmer unter den Lurchen ausschließlich Wasserbewohner sind. Noch vollkommener sind aber die Fische an das Wasserleben angepaßt; denn sie besitzen als Atemorgane nur die bereits beschriebenen Kiemen (S. 99) und können daher nur im Wasser atmen. Dies ist aber nicht das einzige, was sie vor anderen Wirbeltieren auszeichnet.

Gerade so gut wie wir ohne jede Belehrung wissen, wie ein Vogel ungefähr aussieht, kennen wir auch die Gestalt der Fische deshalb, weil wir einige von ihnen, Hecht, Karpfen, Hering u. a. oft genug in Verkaufsläden oder auf unserem Mittagstisch oder endlich selbst an ihren natürlichen Aufenthaltsorten sehen. Wie ganz anders ist ihre Gestalt als diejenige des Frosches, der Eidechse oder eines Hundes! Alle diese Tiere haben eine viel größere Ähnlichkeit untereinander, als mit dem Fisch, und weshalb? Sie tragen sich alle auf vier Beinen, in denen wir unsere eigenen Arme und Beine wiedererkennen, und zeigen einen vom Rumpfe mehr oder weniger abgesetzten Kopf; und wo ein Schwanz vorhanden ist, wie bei der Eidechse und dem Hunde, da ist er deutlich als ein bloßer Anhang des Rumpfes zu erkennen. Der Körper des Hechtes oder des Karpfen schwillt aber von der Schnauze ganz gleichmäßig bis zur Mitte des Körpers an, um dann bis zu der von einer Flosse umsäumten Schwanzspitze sich zu verjüngen.

Keine Einziehung grenzt Kopf und Rumpf, oder diesen vom Schwanze ab, welcher dort, wo die mit den Eingeweiden gefüllte Leibeshöhle aufhört, in der ganzen Breite des Rumpfes sich ihm anschließt, ihn unmerklich fortsetzt (Fig. 29).

Mit dieser gleichmäßigen Körperform des Fisches, die so trefflich zum leichten Fortgleiten im Wasser

Fig. 29.

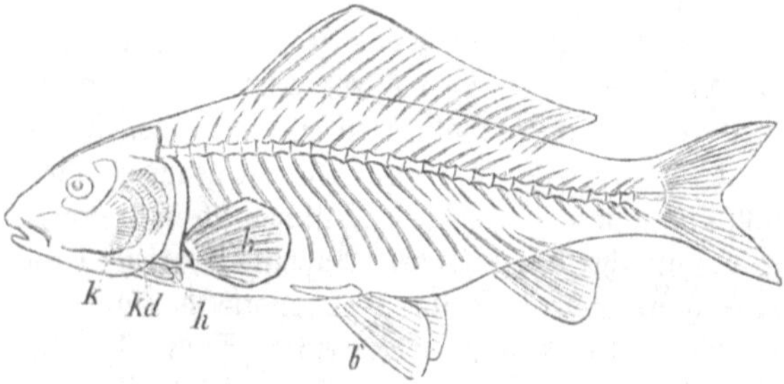

Karpfen im Umriß mit eingezeichnetem Skelett, b Brustflosse, b' Bauchflosse, h Herz, k Kiemen unter dem Kiemendeckel (kd).

paßt, hängt die Bildung seines Bewegungsapparats aufs innigste zusammen. Ihm fehlen die vier Beine der übrigen Wirbeltiere und sind durch ebenso viele zarte, fächerförmige Flossen ersetzt, die den Körper weder zu tragen, noch, wie wir gleich sehen werden, fortzubewegen haben und nicht selten zum Teil fehlen. Deshalb sind auch das Schulter- und Beckengerüst und deren Muskel so schwach entwickelt, daß sie den Rumpf nicht wie bei den übrigen Wirbeltieren stellenweise verbreitern, also seine gleichmäßige Form nicht abändern. Dagegen enthalten die Seiten des Rumpfes und der Schwanz eine um so mächtigere Muskulatur, die sich uns am gesottenen Fisch in den zahlreichen gleichen und quergestellten Platten darstellt, aus denen die gewaltige Fleischmasse zwischen dem Kopf und der Schwanzspitze besteht. Das gehende und laufende Säugetier hat seine größte Muskelmasse im Bereich

Fig. 30.

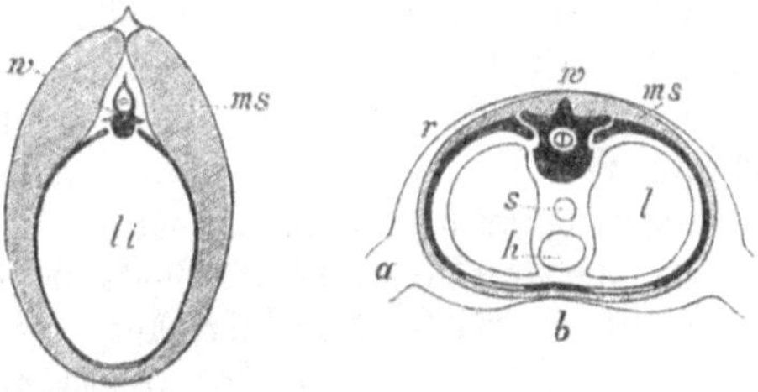

Querdurchschnitte eines Fisches (links) und eines Säugetiers (rechts), w Wirbel, r Rippen, b Brustbein, ms Rumpfmuskel, a Arm (Vorderbein), li Leibeshöhle, s, h, l Eingeweide (siehe Fig. 4).

seiner Arme und Beine, der Vogel in den Flugmuskeln (S. 72); der gleichmäßig fleischige Rumpf und Schwanz des Fisches ist in der Tat sein eigentliches Bewegungsorgan, welches die Beine zu ersetzen hat (Fig. 30). Durch die kräftigen Seitenkrümmungen seines ganzen Körpers, insbesondere des Schwanzes schnellt sich der Fisch vorwärts, wie ein Dampfschiff durch seine Schraube getrieben wird, und seine paarigen Seitenflossen (Brust-, Bauchflossen), sowie die senkrechten Schwanz- und Rückenflossen steuern bloß seinen Lauf.

Weil diese Fortbewegung bei allen Fischen die gleiche ist, zeigen sie auch im ganzen Bau und ihrer Lebensweise eine größere Übereinstimmung untereinander als die Lurche, die Kriechtiere oder gar die Säugetiere, welche sich sehr verschiedenen Bewegungsarten und Lebensweisen angepaßt haben.

Trotzdem die Fische sich bald von allerlei kleineren und größeren Tieren, bald von Pflanzen nähren, sind dadurch keine auffallenden Unterschiede ihres Baues entstanden, weil die Nahrungsaufnahme überall die gleiche ist: Schnappen und Verschlingen der Bissen, die ihnen gerade begegnen. Denn in Übereinstimmung mit der beschränkten Durchsichtigkeit des Wassers und der Abnahme des Lichts in seinen Tiefen können die Fische durch ihr Auge offenbar keine umfassenden Eindrücke von ihrer Umgebung gewinnen*); sie sind daher unfähig, ihre Nahrung oder Beute irgendwie aus einiger Entfernung zu erkennen, ihr nachzuspüren, müssen sich also mit dem begnügen, was der Zufall in ihre Nähe führt. Aus demselben Grunde kann man annehmen, daß die Fische ihre Feinde nicht infolge irgend einer Überlegung zu vermeiden suchen, sondern sie erst bei unmittelbarem

*) Ihre Augen sind von außen her abgeplattet und nahsichtig; und dieselbe Einrichtung findet sich ebenfalls bei den dem Wasserleben angepaßten Waltieren, obgleich die übrigen Säugetiere eine gut gewölbte Außenfläche des Augapfels besitzen.

Überfall fliehen. Deshalb erfreuen sie sich auch nicht gerade des Rufes, daß sie klug wären.

Auch in seinem inneren Bau ist der Fisch von anderen Wirbeltieren verschieden; vieles davon ist merklich vereinfacht; wie z. B. das Herz und der Blutkreislauf. Die höheren Tiere haben ein zweiteiliges Herz und einen doppelten Kreislauf (S. 26, 34), die Fische beides nur einfach. Alles Blut, welches aus dem Körper in den Herzschlauch einströmt, wird von diesem zu den Kiemen entsandt und verteilt sich von dort gleich durch den ganzen Körper. Das aus einer Vorkammer und einer Kammer bestehende Herz enthält und befördert also nur venöses Blut (Fig. 31). Der Übergang von dieser einfachen Einrichtung des Kreislaufs zu derjenigen der Vögel und Säugetiere findet sich bei den Lurchen und Kriechtieren, ist aber für unsern Zweck zu umständlich zu beschreiben.

Fig. 31.

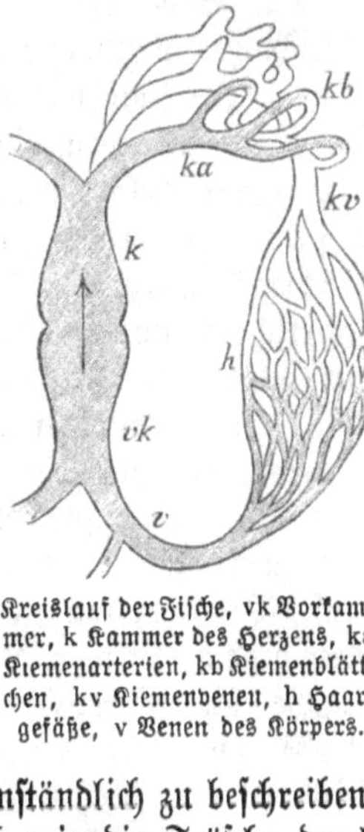

Kreislauf der Fische, vk Vorkammer, k Kammer des Herzens, ka Kiemenarterien, kb Kiemenblättchen, kv Kiemenvenen, h Haargefäße, v Venen des Körpers.

Die Fische pflanzen sich wie die Frösche durch Massen kleiner Eier, den sogenannten Laich, fort, den sie durchaus sich selbst überlassen, ohne ihn irgendwie gegen die zahlreichen Nachstellungen anderer

Tiere zu schützen. Dafür enthält aber auch ein solcher Laich eine außerordentlich große Zahl von Eiern (bis zu Millionen); denn bei einer kleinen Zahl von Eiern würde beständig die Vernichtung des ganzen Laichs drohen und die Existenz der Fische überhaupt in Frage gestellt sein.

Am Ende der Wirbeltierreihe angelangt, überschauen wir noch einmal das durchwanderte Gebiet, in dem wir von uns und den uns ähnlichsten Tieren ausgingen, um die sich daranschließenden, von uns immer mehr abweichenden Formen kennen und verstehen zu lernen. Überall trafen wir dort die gleichen Grundzüge des Baus, aber auch bedeutende Unterschiede im einzelnen. Allen gemeinsam ist der allgemeine Aufbau mit der Wirbelsäule als Achse, dem darüberliegenden Hirn—Rückenmark und dem darunterliegenden Darm, mit dem durch Hirn, Sinnesorgane, Mund und Schädel ausgezeichneten Kopf und dem geschlossenen Blutkreislauf. Verschieden ist vor allem die Bildung der Atemorgane (Kiemen, Lungen), der Fortbewegungsorgane (Rumpf der Fische — Beine und Flügel der Land- und Lufttiere) und der Ernährungsorgane (Zahnbildung, Schnabel, Greiforgane usw.).

Wir fanden, daß diese Unterschiede aufs innigste mit dem Aufenthalt und der ganzen Lebensweise der einzelnen Tierarten zusammenhängen. Jedes Tier ist für das ihm eigentümliche Leben aufs beste ausgerüstet, der Fisch für das Wasserleben wie der Vogel für den Flug, und daher sind beide in dieser Hinsicht anders und vollkommener eingerichtet als die Eidechse und der Hund, die wieder einen gleichen Vorzug für das Leben auf dem festen Lande haben. Trotzdem also jedes Tier in seiner Art vollkommen organisiert erscheint, befolgen wir dennoch eine gewisse Ordnung in ihrer Aneinanderreihung, unterscheiden ganz bestimmt höhere und niedere Tiere und wollen uns die Gründe klar machen, warum wir dies tun.

Jeder, der einige Kenntnisse von den Tieren gewonnen hat, wird ohne Besinnen die Fische für die niedersten Wirbeltiere erklären, die Landtiere über sie und die Säugetiere am höchsten stellen. Denn indem wir uns selbst ohne weiteres an die Spitze der ganzen tierischen Lebewelt stellen, erscheint es uns natürlich, die Stufenreihe der Tiere nach ihrer größeren oder geringeren Annäherung an uns zu bestimmen; in dieser Hinsicht nehmen aber die Säugetiere die nächste Stelle neben uns ein, und entfernen sich von allen Wirbeltieren die Fische am meisten von uns.

Wonach richten wir uns nun bei einer solchen Beurteilung der verschiedenen Wirbeltiergruppen? — Offenbar nicht ohne weiteres nach dem Maß ihrer höheren Lebenstätigkeit, ihres Empfindens, Vorstellens und Wollens oder, um es kurz zu sagen, ihrer Intelligenz. Denn diese läßt sich nur unvollkommen und oft gar nicht vergleichen, wie es z. B. unmöglich wäre, anzugeben, ob in dieser Beziehung ein Fisch oder ein Frosch höher steht. Dagegen haben wir uns schon klar gemacht, daß das Empfinden und folglich das Vorstellen der Tiere von ihren Sinnesorganen, ihr Handeln von ihren Bewegungswerkzeugen, und beides wiederum von den äußeren Lebensbedingungen abhängig ist. Wir werden daher nicht fehlgehen, wenn wir im Körperbau das jederzeit sichtbare Merkmal für die Fähigkeiten eines Tiers und damit für die ihm anzuweisende „niedere" oder „höhere" Stufe erblicken. Die Fische z. B. können nicht klüger sein, nicht besser ihre Nahrung finden, sich ihrer Feinde erwehren, für ihre Brut sorgen usw., als ihre Organe, ihr unvollkommeneres Sehen und Hören, ihre nur zur Schwimmbewegung befähigten einfachen Bewegungswerkzeuge es ihnen erlauben (S. 105, 106). Ihr Wasserleben und ihr demselben angepaßter Körperbau bestimmt also die niedere Stufe ihres Gesamtlebens.

Alle Landtiere stehen dagegen über den Fischen. Denn erstens bedingt das Luftleben eine vollkommenere Entwickelung der Sinnesorgane und Empfindungen: im vollen Licht kann besser, weiter und mehr gesehen werden, das vervollkommnete Ohr nimmt den Schall und seine Richtung besser wahr usw. Dem vollkommenen Empfinden erfließt aber auch entsprechendes Vorstellen und Wollen. Ferner verlangt das Leben auf dem festen Lande eine höhere Ausbildung und Gliederung der Bewegungswerkzeuge, als sie der Fisch besitzt. Dieser kann sich auf dem festen Boden so gut wie gar nicht fortbewegen, weil dazu die tragenden, mit starken Knochen und Muskeln ausgestatteten Gliedmaßen gehören, die ihm fehlen; der Besitz derselben gestattet dagegen den Landtieren die mannigfaltigen Bewegungsarten und Tätigkeiten, die erst auf dem Lande und in der Luft möglich sind. Schon der Frosch sitzt, greift, springt und schwimmt; und wir wissen, daß der Vogel und der Hund durch ihren Körperbau zu noch anderen, wichtigen Tätigkeiten (Fliegen, Laufen usw.) befähigt sind.

Also: die im Körperbau begründeten Fähigkeiten der Wirbeltiere steigern sich, sobald sie vom Wasserleben zum Landleben übergehen, weil das letztere jene Steigerung bedingt und verlangt; und diese nimmt zu, je mehr sie sich in ihrer Bildung dem Menschen nähern. Folglich bedeutet die fortschreitende Ausbildung des Wirbeltierkörpers vom Fisch bis zum Säugetier eine „Vervollkommnung" nur im Hinblick auf die von uns festgesetzte höchste Stufe — den Menschen. Sehen wir davon ab, so bleibt allerdings eine Stufenreihe körperlicher Entwickelung, aber nicht einer höheren oder geringeren Vollkommenheit. Denn jede Tierart ist für ihre eigentliche Aufgabe, die Selbsterhaltung, durch die Anpassung an ihre besonderen Lebensbedingungen im allgemeinen gleich gut ausgerüstet, keine vollkommener als die andere, weil auch die weitestgehenden Fähigkeiten unter anderen Bedingungen wertlos werden.

Die Insekten.

Bisher haben wir nur einen Stamm der Tiere, die Wirbeltiere, und zwar diese zuerst betrachtet, weil sie uns am nächsten stehen und als Haustiere von uns am meisten benützt werden, uns am besten bekannt sind. Wir besitzen aber auch überall und jederzeit ungebetene Mitbewohner unserer Häuser und unseres Hausrats, die sich auch demjenigen bemerklich machen, der sich am wenigsten um Tierkunde bekümmert, von Haustieren wenig weiß und kein Auge für das Tierleben im Freien hat. Denn jene aufdringlichen Geschöpfe wissen trotz ihrer geringen Größe durch die Belästigung und den Schaden, den sie uns in verschiedenster Weise zufügen, sich eine Beachtung zu erzwingen, die ihren übrigen im Freien lebenden Stammverwandten nicht entfernt in demselben Maße zuteil wird. Da seufzt eine Hausfrau über die Schaben in der Küche, die Kleidermotten in den Polstermöbeln und Kleidern und sieht mißmutig die Spinnen ihre schon oft zerstörten Gewebe ohne Ermüden erneuern, ohne daß darum die gewöhnlichsten Beutetiere der Spinnen, die Stubenfliegen, sich verminderten, die jahraus jahrein uns belästigen und unseren gesamten Hausrat besudeln.

So drängt sich dieses Ungeziefer durch die uns bereitete Plage unserer Aufmerksamkeit auf, und wider unseren Willen lernen wir allmählich etwas von dem Körperbau und der Lebensweise dieser Tiere kennen.

Da siehst du eine Fliege auf dem Tische vor dir hin- und herhuschen; du zählst an ihr drei Paar Beine, die mehrfach gegliedert mit außerordentlicher Beweglichkeit und Leichtigkeit den plumpen Körper tragen (Fig. 44). Hier und dort streckt sie von der Unterseite ihres runden Kopfes einen kurzen fleischigen Rüssel vor, mit welchem sie einen Gegenstand nach dem andern betastet: flüssige oder lösliche Dinge, namentlich süße Speisen, Zucker u. a. werden gierig beleckt. Unsere Fliege nimmt also ihre Nahrung mit Auswahl auf — sie schmeckt. Langsam und leise näherst du ihr deine Hand, um sie zu fangen; aber so wie du zuschlägst, ist sie im letzten Augenblick entwischt, denn sie sah und erkannte die drohende Gefahr, und wollen und im schnellsten Fluge sich retten war eins. Doch nicht sinnlose Angst und Flucht trägt sie davon; sie fürchtet den Menschen nicht sonderlich, weil sie ihn kennt, und dicht neben der Stelle, von welcher sie vertrieben wurde, läßt sie sich wiederum nieder, putzt zierlich den Kopf, die Flügel und gegenseitig die Beine, um dann wieder ihren Näschereien nachzugehen. Dabei bewegt sie sich mit gleicher Leichtigkeit an allen Flächen, glatten, senkrechten und überhängenden.

Lebhaftes Empfinden und Wollen, zielbewußtes Handeln mit Hilfe leichtester freier Bewegung durch Lauf und Flug, sowie verschiedene andere Fertigkeiten der Glieder — das alles findest du in der unscheinbaren Stubenfliege vereinigt, die so weit von den großen, uns selbst so viel ähnlicheren Wirbeltieren verschieden erscheint und doch so viele von ihnen, selbst von den hochstehenden Säugetieren durch die Vollkommenheit ihrer Lebensäußerungen übertrifft.

Sobald wir aber unsere Aufmerksamkeit diesem ungebetenen Hausgenossen einmal zugewendet haben, stößt sie alsbald auf zahlreiche unverkennbare Stammverwandte desselben. Zudringlich nennen wir die Stubenfliege; indem wir aber neugierig ihren Bewegungen folgen, sie zu haschen oder zu verscheuchen suchen, erscheinen wir nunmehr ihr zudringlich und wohlweislich entzieht sie sich daher weiteren Gefahren dadurch, daß sie durchs offene Fenster hinausfliegt. Im Augenblick haben wir sie aus den Augen verloren; dafür begegnen wir in dem vor uns liegenden Garten einem ganzen Schwarm ähnlicher Gäste: dort schwirren und summen Bienen und Hummeln, hier laufen Ameisen und Käfer über den Boden, das Zirpen im Grase verkündet uns die Nähe der Heuschrecke und über ihnen allen wiegt sich sorglos der Schmetterling in der Luft.

Ich nannte die Stammverwandtschaft aller dieser Geschöpfe eine unverkennbare, und in der Tat bedarf der Nachweis derselben keines so eingehenden Studiums wie etwa bei den Wirbeltieren. Denn wenn wir Fliege und Biene, Käfer und Schmetterling, sowie die Heuschrecke auch nur flüchtig anschauen, bemerken wir sofort an ihnen allen gleicherweise sechs fein gegliederte Beine und die am Rücken befestigten Flügel. Dies sind die Merkmale der

Insekten, von denen aber jedermann viel mehr als die erstgenannten Typen wohl bekannt sind.

Der erste Eindruck, den wir von der ganzen Insektenwelt erhalten, ist derselbe, den schon die unser Interesse zuerst fesselnde Stubenfliege auf uns machte: überall größte Beweglichkeit und energische Tätigkeit verschiedenster Art. Das summt und fliegt, läuft und springt, schwimmt und klettert, nagt und gräbt — und dies alles mit bestimmtem Willen zu wohlüberlegtem Zweck und mit staunenswerter Leistungsfähigkeit. Bei jener Hummel, die uns summend naht, fällt es uns ein, daß ein solches scheinbar so schwerfällige Geschöpf mit Leichtigkeit den Eisenbahnzug begleitete, der uns so rasch dahintrug, daß auch ein gutes Pferd nicht hätte Schritt halten können. Welche Leistung für ein so kleines Tier! Wir bewundern so oft die Kraft des Löwen, der bis neun Meter weit springt und ein getötetes Rind mit seinen Kiefern fortschleppen kann; wir bewundern diese Leistungen, weil sie über das Maß unserer eigenen Kräfte weit hinausgehen. Sobald wir aber die Arbeit eines Tiers nach seiner eigenen Körpergröße bemessen, so wird jenes Urbild der Stärke, der Löwe, durch die kleinsten Insekten vollkommen in den Schatten gestellt. Denn was besagt sein Sprung gegenüber demjenigen des Flohs, der das 150fache seiner Körperlänge mit einem Satz durchmißt; und sollten wir nicht billigerweise weit mehr als über den Löwen über die Ameise staunen, die wir mit ihren Kiefern und Vorderbeinen eine erbeutete Raupe fortschleppen sehen, deren Gewicht dasjenige der Ameise um das vielfache übertrifft. Auch überzeugen wir uns von der Kraft der Insekten ganz unmittelbar, wenn wir etwa einen größeren Käfer, z. B. den wohlbekannten Maikäfer in die Hand nehmen und bei seinen Versuchen, sich zu befreien, die kräftigen Bewegungen seiner Beine spüren. Wie hilflos erscheint dagegen in gleicher Lage der viel größere Sperling.

Noch mehr aber als die rohe Kraft der Insekten fesseln unsere Aufmerksamkeit ihre wunderbaren Triebe, wie sie etwa die Bienen und Wespen in ihren Kunstbauten betätigen, zu deren Herstellung nicht weniger Fertigkeiten gehören, als zur Maurerarbeit und ähnlicher Tätigkeit des Menschen selbst.

Wir wollen aber nicht bloß staunen, sondern den natürlichen Zusammenhang der Erscheinungen begreifen. Und noch sind uns hier die Insekten nicht so weit bekannt geworden, daß wir ihr Wesen und Treiben richtig würdigen könnten. Wir wollen daher diejenigen unter ihnen, die uns draußen im Garten, auf der Wiese, im Walde am häufigsten begegnen, etwas näher anschauen.

Wenn die heimkehrenden Vögel uns den beginnenden Frühling verkünden, so wird seine volle Entfaltung durch das Erscheinen des Maikäfers bestätigt. Wer hätte als Knabe einen solchen nicht schon in der Hand gehabt; aber ohne Aufforderung genauer betrachtet? Schwerlich. Holen wir dies also jetzt nach. Unser Maikäfer zeigt zunächst einen wohlabgesetzten Kopf, dann ein dunkles Schild, an das sich rückwärts die beiden harten Flügeldecken anschließen, die in der Mitte zusammenstoßend den übrigen Rumpf verdecken (Fig. 35). Sobald er aber diese Flügeldecken erhebt und die darunter zusammengefalteten weichen Unterflügel entfaltet, gewahren wir, daß das erste Beinpaar unter jenem

Fig. 32.

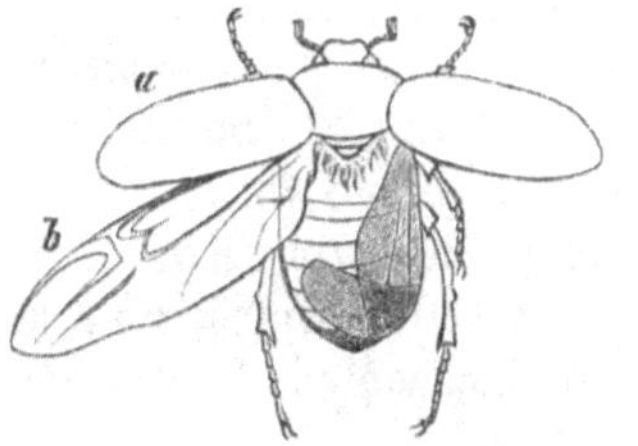

Maikäfer mit gehobenen Flügeldecken a, einem noch gefalteten und einem ausgebreiteten Unterflügel b.

Schild, die zwei folgenden unter je einem Flügelpaar sitzen (Fig. 32). Der dreiteilige Körperabschnitt, welcher alle diese Fortbewegungsorgane trägt, heißt die Brust. Der breit daranstoßende und von den ruhenden Flügeln überdeckte Hinterleib hat dagegen an den Körperbewegungen keinen Anteil.

Die Beine, gleich unseren eigenen Gliedmaßen oben in längere, am Ende in kürzere Abschnitte gegliedert und in je zwei Krallen auslaufend, sind von einer harten Haut (Chitin) bedeckt, die sie wie ein Panzer schützt und andererseits einen bedeutenden

Druck mit denselben auszuüben gestattet, wie wir es in unserer Hand spürten. Dieser Hautpanzer macht aber auch ein besonderes inneres Skelettgerüst entbehrlich; denn an seiner Innenfläche und an ebenfalls harten Vorsprüngen der letzteren gewährt er passende Ansatzpunkte für die Muskeln, die den Innenraum des Beins ausfüllen und die durch eine weiche Verbindungshaut zusammenhängenden Panzerschienen der einzelnen Abteilungen gegeneinander bewegen.

Das Bein unseres Maikäfers ist also infolge seines Baues viel leichter und kann viel mehr Muskeln beherbergen, als wenn es, wie unsere Gliedmaßen, ein schweres umfängliches Knochenskelett enthielte; es entwickelt daher viel mehr Kraft, ist dabei durch seinen Panzer widerstandsfähiger als jene und bleibt dennoch durch die zahlreichen Gelenke allseitig beweglich.

Die Brust, an der die sechs Beine des Käfers sitzen, wiederholt im allgemeinen die Einrichtungen, die wir am Bewegungsapparat des einzelnen Beines kennen lernten. Denn innerhalb des Brustpanzers liegen die Muskeln, die außer den Beinen auch noch die zwei Flügelpaare, die vorderen harten Flügeldecken und die weichen hinteren Flügel kräftig zu bewegen haben; ihre dadurch bedingte Masse füllt daher den größten Teil des Brustraumes völlig aus (Fig. 33). Die Brust unseres Käfers ist also wesentlich ein Muskelkasten, durch welchen nur einige dünne Eingeweide hindurchziehen, und nicht ein Behälter für Lungen und Herz wie unsere eigene

Brust. Sie ist daher ferner weniger beweglich als die letztere, die, selbst während der Körper ruht, sich im Atmen bewegt. Allerdings zerfällt der Brustpanzer des Maikäfers in drei hinter einander liegende ungleichmäßige Ringe, die wie die einzelnen Glieder am Bein durch dünne Zwischenhäute zusammenhängen; aber diese Verbindung ist eine sehr straffe.

Fig. 33.

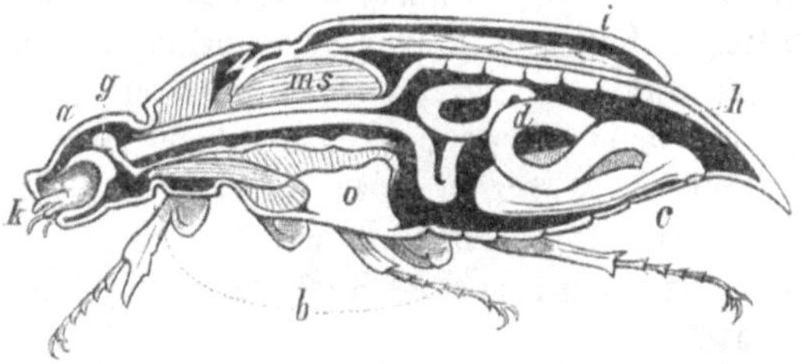

Längsdurchschnitt eines Maikäfers, a Kopf, b Brust, c Hinterleib, k Kiefer, i Flügel, o innere Panzerleiste, ms Brustmuskeln, g Gehirn mit angeschlossenem Bauchmark, d Darm, h Herz.

Dennoch sehen wir den Maikäfer vor uns unter Umständen gerade so deutlich atmen wie die höheren Wirbeltiere; nur hebt und senkt sich nicht seine Brust, sondern sein Hinterleib, und zwar besonders auffällig, wenn der Käfer sich zum Fluge anschickt. Die Panzerung dieses Hinterleibs besteht aus schmalen, durch nachgiebige Verbindungshäute zusammenhängenden Ringen, die zudem noch jederseits durch eine gleiche Haut unterbrochen sind. Sie gestatten daher eine merkliche Dehnung und Verschiebung oder, was dasselbe ist, eine bedeutende Erweiterung des Hinterleibs, der darauf durch innere Muskeln wieder zusammengedrückt wird, wodurch eben die Atembewegungen entstehen. Jener Druck wirkt aber auf die den Hinterleib füllenden Eingeweide, insbesondere auf die an seinen Seiten durch die Atemlöcher mündenden Luftröhren (Tracheen), deren Luft dadurch hinausgetrieben wird (Ausatmen), während beim Nachlassen des Druckes die elastischen Röhren sich wieder erweitern, neue Luft einsaugen (Einatmen). Diese Luftröhren laufen unter reicher Verästelung in feinste Zweige aus, die den ganzen Körper durchziehen und an ihren Enden den unmittelbaren Übertritt des Sauerstoffs der in ihnen enthaltenen Luft in alle Körperteile gestatten, so wie sie auch die von den letzteren ausgeschiedene Kohlensäure unmittelbar abführen.

Auf diese Weise vereinigen die Tracheen die Leistungen von Lungen und eines Blutgefäßsystems, machen also das letztere für die Atmung entbehrlich. Allerdings besitzen die Insekten einen rückenständigen Blutgefäßschlauch, dessen Pulsationen an unbehaarten Raupen durch die Haut hindurch zu erkennen und zu zählen sind. Dieses Herz erhält aber das Blut durch Spaltöffnungen und ergießt es wiederum in die offenen Zwischenräume der inneren Körperteile, so daß das Blut den Darm umspülen, den Nahrungssaft aufnehmen und diesen dann den übrigen Organen zuführen kann, ohne eines besonderen Röhrensystems zu bedürfen. Die Blutbahnen der Insekten fallen daher mit jenen Zwischenräumen zusammen, die bei den Wirbeltieren als feinste Lücken oder mit besonderen Wandungen versehene Höhlen, wie der Herzbeutel, die Lungensäcke, die Bauchhöhle usw. neben den Blutgefäßen und getrennt von ihnen bestehen.

Diese Organisation des Maikäfers, die sich wesentlich ebenso bei den übrigen Insekten wiederholt, zeigt also eine bedeutende Vereinfachung gegenüber der entsprechenden Organisation der Wirbeltiere. Durch den Hautpanzer und seine Fortsätze wird das innere Skelett entbehrlich, und das Tracheensystem ersetzt gleichzeitig die Lungen und das Blutgefäßsystem, während das Blut gewissermaßen die Körperhöhlen unmittelbar benutzt, um alle Organe zu umspülen und zu ernähren.

Die Vereinfachung des Bewegungsapparats im allgemeinen schließt aber seine Vollkommenheit im einzelnen nicht aus. Durch die Gliederung des Panzers und der Muskulatur, durch die vorteilhafte Zentralisierung der wichtigsten Lokomotionsorgane in der Brustregion, und durch ihre Sonderung in Beine und Flügel werden Leistungen erzielt, welche diejenigen anderer Tiere weit hinter sich lassen, insbesondere weil das Insekt deren einzelne Fähigkeiten (Flug, Lauf usw.) in sich vereinigt und verhältnismäßig erfolgreicher ausübt.

Um uns die Kenntnis von dem geschilderten inneren Bau der Insekten zu verschaffen, müssen wir natürlich einen getöteten Maikäfer oder ein anderes größeres Insekt zergliedern. Dabei finden wir aber noch andere beachtenswerte Dinge. An der inneren

Bauchseite verläuft ein Nervenstrang, im Gegensatz zum Rückenmark das Bauchmark genannt, das in der Brust, dem Hauptsitz der von ihm mit Nerven versorgten Muskeln, besonders stark entwickelt ist. An der Grenze des Kopfes spaltet er sich, um die Speiseröhre ringförmig zu umgreifen und sich dann mit dem im Kopf eingeschlossenen Hirn zu vereinigen (Fig. 33).

In der Lage und Bildung des Nervensystems finden wir also eine weitere eingreifende Verschiedenheit der Insekten und Wirbeltiere: hier ein Hirn, das sich unmittelbar in das Rückenmark fortsetzt, dort ein Bauchmark, das vom Hirn durch die Speiseröhre getrennt ist und mit ihm nur vermittelst besonderer sie umgreifenden Stränge zusammenhängt. Im übrigen ist aber der Kopf der Insekten ebenfalls der Hauptsitz der Empfindungen (Hirn und Sinnesorgane) und Träger des Kieferapparats.

Von Sinnesorganen erkennen wir am Maikäfer erstens die großen paarigen Augen und ferner die beweglichen, blättrigen Fühler, die in erster Linie ganz offenbar zum Tasten dienen, aber auch bei Geruchs- und Gehörseindrücken so bewegt werden, daß man ihnen die Fähigkeit zu den entsprechenden Empfindungen zuschreiben darf. Andererseits mögen aber auch die als „Taster“ bekannten Anhänge der Kiefer dieselben Empfindungen und etwa noch den Geschmack vermitteln.

Besser unterrichtet sind wir über den Sitz des Gesichtssinnes; doch sind die genannten Augen des

Maikäfers und überhaupt aller erwachsenen Insekten so verschieden von den Augen der Wirbeltiere, daß es sich wohl lohnt, diese Unterschiede sich klar zu machen.

Fig. 34.

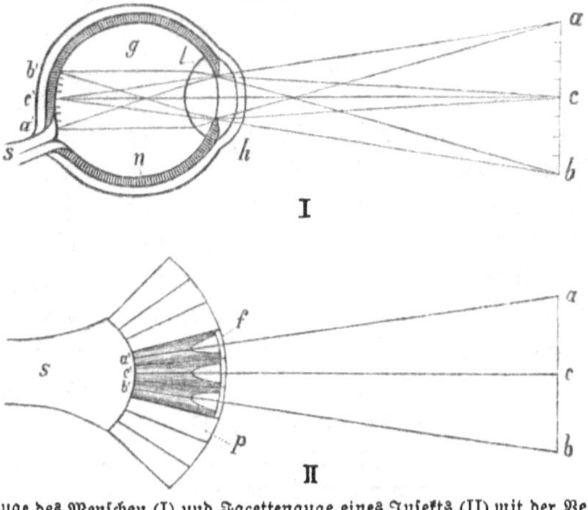

Auge des Menschen (I) und Facettenauge eines Insekts (II) mit der Veranschaulichung des Sehens (s. Text). h Hornhaut, g Glaskörper, l Linse, n Netzhaut, s Sehnerv, f Facette, p Pyramide des Facettenauges.

Unser eigenes Auge ist nach dem Prinzip einer sogenannten Camera obscura gebaut (Fig. 34) I. Der Augapfel ist eine von festen Häuten gebildete Hohlkugel, deren Außenschicht vorn durchsichtig ist (Hornhaut), worunter eine kleine Öffnung der gefärbten Innenschicht (Iris), die „Pupille" liegt. Unmittelbar hinter der Pupille befindet sich die ebenfalls durchsichtige „Linse“, und dahinter füllt eine wasserklare Gallerte (Glaskörper) das Innere des Augapfels aus, so daß die Lichtstrahlen durch alle diese Teile bis zur Innenwand der Hohlkugel, nämlich der sogenannten „Netzhaut“, hindurchgehen. Die Linse lenkt aber jeden eindringenden Lichtstrahl in der Weise ab, daß alle von je einem äußeren Lichtpunkt (a, c, b) entspringenden und divergierenden Strahlen, die die Pupille in ihrer ganzen Weite durchsetzen, sich auf der Netzhaut wieder in je einem Punkt vereinigen. Auf diese Weise wird von einem Gegenstande (a c b), der sich in passender Entfernung vor dem Auge befindet, ein getreues, nur umgekehrtes und verkleinertes Bild auf die Netzhaut entworfen (b′ c′ a′). Diese besteht nun aber grade aus den lichtempfindenden Nervenendigungen, die daher jenes Bild unserem Bewußtsein übermitteln können. Die seitlichen Augen der Insekten (Fig. 34 II) bestehen dagegen aus einer großen Anzahl getrennter langer und dünner Pyramiden, deren nach außen gekehrte Grundflächen (Facetten) eine gewölbte, aber fein facettierte und daher netzartig gezeichnete Fläche zusammensetzen (Facetten- oder Netzaugen). Jede Pyramide stellt für sich ein besonderes Sehorgan dar, mit äußeren lichtbrechenden Teilen und einem inneren stabförmigen Netzhautabschnitt, dessen lichtempfindendes Nervenende nur für diejenigen Lichtstrahlen zugänglich zu sein scheint, die sich in der Achse der Pyramide bewegen, also von einem einzelnen Punkt der Außenwelt kommen. Diese von einander merklich abstehenden und nach außen divergierenden Netzhautelemente sind daher augenscheinlich nur imstande, einige von einander getrennte und entfernte Punkte eines Gegenstandes (a, c, b) gleichzeitig zu sehen, und zwar im graden, nicht umgekehrten Bilde (a', c', b').

Solche Punkt- oder „Mosaikbilder" erreichen sicher nicht die Vollkommenheit der von unserem Auge erzeugten Bilder. Doch mag dieser Mangel bis zu einem gewissen Grade dadurch ausgeglichen werden, daß die außerordentlich zahlreichen Sehpyramiden eines Netzauges (bis zu mehreren Tausenden) gleichzeitig von vielen Gegenständen und, während der Bewegung des Tieres, von den verschiedenen Seiten eines Gegenstandes schnell hinter einander Eindrücke erhalten und zur Empfindung bringen. Welche Bedeutung die ganz anders und einfacher gebauten sogenannten „Nebenaugen" haben, die sich am Scheitel vieler Insekten finden (vgl. Fig. 41, II), läßt sich noch gar nicht sagen. Demnach können wir uns eine ganz bestimmte Vorstellung von dem Sehen der Insekten nicht machen; um so weniger als wir gegenwärtig infolge vertrauenswürdiger Versuche wissen, daß sie mit ihren Netzaugen für Lichtstrahlen empfindlich sind, die wir selbst nicht zu sehen vermögen.

Wenn wir nämlich das gewöhnliche Sonnenlicht durch einen lichtbrechenden Körper, z. B. ein Glasprisma, in seine verschiedenfarbigen Strahlen zerlegen, also das Bild des Regenbogens nachahmen, unterscheiden wir eine Farbenreihe, die mit Rot beginnt und mit Violett endet. Über diese beiden Randfarben hinaus nehmen wir mit unserem Auge gar nichts wahr; obgleich wir aus gewissen Wirkungen dieser ganzen Erscheinung schließen dürfen, daß sich dort ebenfalls, aber unsichtbare Strahlen befinden. Jene Versuche bei Insekten haben nun gelehrt, daß sie für die neben dem Violett befindlichen, uns völlig unsichtbaren Strahlen mit dem Auge empfindlich sind, dieselben also irgendwie sehen. Folgerichtig müssen also die Insekten von dem unzerlegten Licht, da es für sie aus mehr Teilen besteht als für uns, ja bis zu einem gewissen Grad von allen gewöhnlichen, durchweg gemischten Farben andere Eindrücke haben wie wir.

Kurz — wenn wir zunächst die Netzaugen der Insekten für unvollkommener halten dürfen, als unsere eigenen, so müssen wir ihnen doch wiederum Sehfähigkeiten zugestehen, von denen wir überhaupt keine Vorstellung haben. Ja, es liegen Beobachtungen vor, die es wahrscheinlich machen, daß die Insekten auch für uns unhörbare Töne hören. Wir haben also allen Grund, die Verschiedenheit der Sinnesempfindungen bei den Insekten und den Wirbeltieren nicht zu gering anzuschlagen und über die ersteren nicht zu vorschnell abzuurteilen.

Außer den Organen der Empfindung treffen wir am Kopf der Insekten den Kieferapparat an. Jederseits vom Munde trägt der Maikäfer drei bewegliche Kiefer, von denen jeder mit dem gegenüberliegenden gleichen Gebilde als ein Paar zusammengefaßt wird (vgl. Fig. 41 I). Das unter dem Kopfende oder der Oberlippe befindliche erste Paar oder die Oberkiefer sind ungegliedert, massig und gezähnelt und bewegen sich wagrecht gegen einander wie eine Zange. Die beiden anderen, gegliederten und weniger harten, auch mit seitlichen Anhängen oder „Tastern“ versehenen Kieferpaare, nämlich die paarigen Unterkiefer und die aus der queren Verbindung der paarigen Stücke entstandene Unterlippe, unterstützen den Oberkiefer bei dem Ergreifen und der Zerkleinerung der Nahrung. Diese besteht in Baumblättern, die der Maikäfer zerbeißt und zerkaut; und da er oft in großen Massen erscheint, richten sie unter den Waldbäumen arge Verwüstungen an.

Glücklicherweise dauert seine Flugzeit nur einige Wochen (Mai); dann legen die Weibchen eine Tracht Eier in Erdlöcher ab und sterben gleich darauf ab. Aus diesen Eiern entstehen zunächst die unter dem Namen „Engerlinge“ bekannten wurmförmigen und weißen Larven des Maikäfers, die drei Jahre ein unterirdisches Leben führen und sich dabei von Pflanzenwurzeln nähren (Fig. 35). Denn obgleich sie mit ihrem gleichmäßig walzigen Körper und den winzigen sechs Beinen wenig Ähnlichkeit mit einem Käfer haben, besitzen sie doch die Kieferbildung desselben. Im 4. Jahre hören sie auf zu fressen, häuten sich und zeigen nunmehr an ihrer Oberfläche die Skulptur von den an den Leib gepreßten Beinen, Flügeln usw. des fertigen Käfers. In diesem Zustande, Puppe genannt (Fig. 35), ruhen sie einige Monate, um dann in das vollendete Insekt sich zu verwandeln und im Frühling aus der Erde hervorzukommen.

Sobald wir andere, uns häufiger begegnende Käfer, z. B. den goldgrünglänzenden, raschen Laufkäfer und etwa noch den breiten Schwimmkäfer oder den großen, schwarzglänzenden Wasserkäfer unserer Teiche mit dem Maikäfer vergleichen, so finden wir die Abweichungen in ihrem Bau sehr unerheblich gegenüber der allgemeinen Übereinstimmung, die sich auch auf die Larven und Puppen erstreckt. Wie groß ist dagegen der Unterschied ihrer Lebensweise!

Fig. 35.

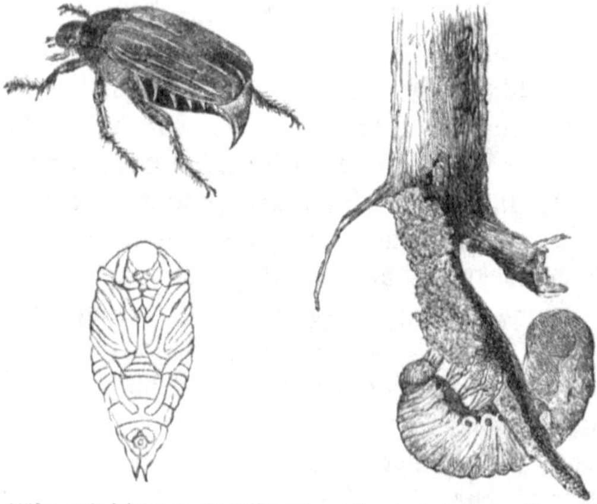

Maikäfer mit seiner an einer Baumwurzel nagenden Larve (Engerling) und der Puppe (von der Bauchseite gesehen).

Der Laufkäfer, ein nächtliches Raubtier, überfällt Schnecken, Regenwürmer, Insektenlarven (Raupen) usw., tötet und verzehrt sie vermittelst ganz ähnlicher Kiefer, wie sie dem Maikäfer zum Fressen der Baumblätter dienen; und die Larve des Laufkäfers teilt seine Lebensweise. — Wie geschickt schwimmen ferner die beiden Wasserbewohner, Schwimm- und Wasserkäfer, unter dem Wasser, ohne daß ihre Beine so auffällig von denen des Maikäfers verschieden wären wie etwa die Laufbeine und Flossen von Wirbeltieren, und ohne daß ihre Flugfähigkeit irgendwie gelitten hätte. Denn nachts verlassen sie das Wasser und streifen fliegend umher, um ein anderes Gewässer aufzusuchen. Zur Atmung im Wasser dient ihnen die Luft, die sie in vielen kleinen, zwischen den Haaren des Hinterleibs oder unter den Flügeln haftenden Bläschen an der Oberfläche des Wassers mitnehmen. Trotz ihres gleichen Aufenthalts ist der Schwimmkäfer ein arges Raubtier, das selbst Fische anfällt, der Wasserkäfer aber ein Pflanzenfresser. Die Larven beider Käfer sind wasserbewohnende Raubtiere und durchlaufen wie alle Käfer einen Puppenzustand mit vollkommener Verwandlung.

Gedenken wir hier noch des Borkenkäfers, der durch Bohren in Nadelhölzern ganze Wälder verwüstet, des Pochbohrkäfers, der unsere Holzvorräte und besonders das Hausgeräte in ähnlicher Weise verdirbt und sich dabei durch das eigentümliche Pochen mit seinem starken Kopf (Totenuhr) bemerkbar macht, so haben wir in ihnen weitere Beispiele von besonderen Lebensweisen unter den Käfern.

Diese nach unseren Kenntnissen von den Wirbeltieren erstaunliche Fähigkeit der Käfer zu den verschiedensten Lebensweisen, ohne daß ihr Körperbau, namentlich die Beine und Kiefer sich entsprechend veränderten, tritt uns in gleicher Art auch bei den übrigen Insekten entgegen.

Im Garten hörten wir im allgemeinen Insektenkonzert auch ein Zirpen aus dem Gebüsch ertönen, welche Töne wir gemeinhin den Heuschrecken zuschreiben. Wir brauchen auch nicht lange zu suchen, um auf die große grüne Laubheuschrecke zu stoßen (Fig. 36). Nach der Gliederung des Körpers, dem Bau der Beine und Kiefer gleicht sie den Käfern. Nur ist der Leib an den Seiten zusammengedrückt und daher von den langen Flügeldecken und den kurzen, breiten Hinterflügeln dachförmig bedeckt, ferner das hinterste Beinpaar zu langen und starken Sprungbeinen ausgebildet.

Auch die übrige Organisation stimmt ganz wesentlich mit derjenigen der Käfer, und nur ein Sinnesorgan verdient hier eine besondere Erwähnung — das Ohr. Unsere Heuschrecke zirpt bekanntlich recht vernehmlich und andauernd, indem sie die dazu eigens eingerichteten Ränder beider Flügeldecken aneinander reibt; und zwar geschieht dies, um von den Genossen gehört zu werden, sie anzulocken. Schon daraus geht hervor, daß die Heuschrecken hören; wir finden aber an ihnen ferner, anders wie bei Käfern und sonstigen Insekten, ein wohlunterscheidbares Ohr, welches freilich an einer sehr ungewöhnlichen Stelle liegt, nämlich im Unterschenkel des Vorderbeins (Fig. 36). Auch zeigt es eine Einrichtung, die anzunehmen gestattet, daß diese Tiere nicht nur überhaupt hören, sondern auch verschiedene Töne vielleicht ebenso deutlich

Fig. 36.

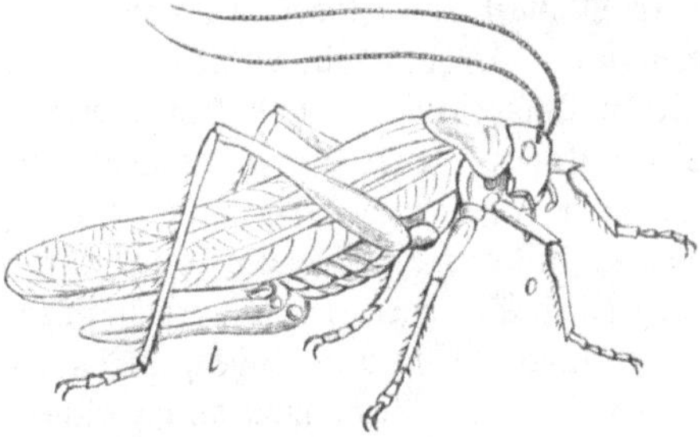

Laubheuschrecke, o Ohr, l Legeröhre.

wie wir selbst unterscheiden. Äußerlich ist dieses Ohr durch eine blasige Anschwellung des Beins kenntlich.

Merkwürdigerweise besitzen die nächsten Verwandten unserer Laubheuschrecke, nämlich die mit blauen und roten Unterflügeln versehenen Feldheuschrecken, ein ganz anders gebautes Ohr, das man am ersten Hinterleibsringe als eine runde, von einem glatten Häutchen überzogene Stelle gewahrt. Im Zusammenhange damit musizieren sie auch in abweichender Weise, indem sie die Flügeldecken still halten und an ihnen mit der feingezähnelten Innenseite der hinteren Oberschenkel auf und ab streichen wie mit einem Violinbogen.

Die Weibchen unserer grünen Laubheuschrecke tragen an ihrem Hinterende ein langes säbelförmiges Organ, die Legescheide (Fig. 36), die das Tier in Erdlöcher senkt, um die Eier hineingleiten zu lassen. Die aus den letzteren hervorkommenden Larven unterscheiden sich vom erwachsenen Tier wesentlich nur durch den Mangel der Flügel, die ganz allmählich heranwachsen. Deshalb gibt es bei den Heuschrecken auch keinen Puppenzustand und keine Verwandlung wie bei den Käfern. Die Übereinstimmung der Heuschrecken mit ihren Larven hat denn auch die gleiche Lebensweise beider Zustände zur Folge, die Fortbewegung durch Springen, was die erwachsenen Tiere durch einen kurzen Flug unterstützen, und die gleiche Art der Ernährung. Wenn man an die allbekannten Verwüstungen der Wanderheuschrecke denkt, die auf ihren Zügen in wolkenähnlichen Schwärmen sich auf Felder, Wiesen und Bäume niederläßt, um sie in unendlich kurzer Zeit bis zur Unkenntlichkeit abzuweiden, hält man unwillkürlich alle übrigen Heuschrecken ebenfalls für Pflanzenfresser. Und doch ist unsere grüne Laubheuschrecke trotz des unveränderten Kieferbaus ein ausgesprochenes Raubtier.

Noch weniger wird aber ein Unkundiger von jenen graziösen Geschöpfen, die man Wasserjungfern oder Libellen nennt, vermuten, daß sie zu den unermüdlichsten Raubtieren unter den Insekten gehören. Die vier großen, aber schmalen, netzförmig geäderten Flügel tragen mit Leichtigkeit den schlanken Körper mit dem durch die großen Augen verbreiterten Kopf bald schwebend, bald unstet hin und her schießend. Im Fluge wird auch die Beute, eine Fliege oder ein anderes Insekt, gepackt und mit den kräftigen Kiefern augenblicklich getötet.

Fig. 37.

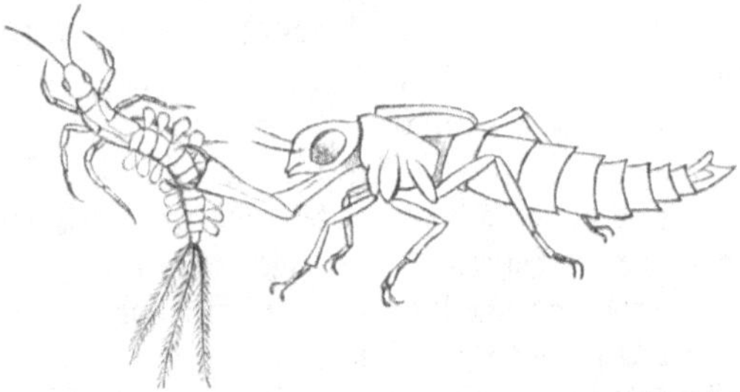

Libellenlarve, die mit ihrer Zange die Larve einer Eintagsfliege faßt.

Die Larven der Libellen bewohnen, ungleich ihren Eltern, unsere mit Binsen und Schilf bewachsenen Gewässer, üben aber schon dann ihr Räuberhandwerk aus und zwar mit Hilfe eines besonderen, ganz tückischen Mordwerkzeugs. Ihre Unterlippe ist nämlich zu einem Fangorgan umgebildet, das im Zustand der Ruhe in zwei Scharniergelenken eingeschlagen von unten her wie eine Maske das Gesicht verdeckt, aber, wenn sich die Gelegenheit bietet, blitzschnell vorgestreckt wird und die Beute, Insektenlarven jeder Art, kleine Krebse und Würmer, mit einer scharfen Zange packt (Fig. 37). Dann tun die Oberkiefer das ihrige und zerkleinern den Raub. Auch diese Larve trägt Flügelstummel, und es findet keine Verpuppung, nur eine mehrmalige Häutung statt, bei deren letzter die aus der Larvenhaut ausschlüpfende Libelle das Wasserleben mit dem Luftleben vertauscht. Im Wasser atmen die Larven vorzugsweise durch den Darm, dessen Wand einen erstaunlichen Reichtum an Luftröhren von feinstem Durchmesser zeigt, welche die Luft aus dem in den Darm eingesogenen Wasser aufnehmen und den größeren Tracheenstämmen zuführen.

Derselbe Schilfteich, in dem wir die Libellenlarven finden, beherbergt unter anderem auch eine Menge kleiner Insektenlarven, die durch ihre Flinkheit und die zitternde Bewegung büschel- oder blattförmiger Anhänge ihrer Hinterleibsringe unsere Aufmerksamkeit fesseln. Sie gehören der Eintagsfliege an und verraten durch ihre Flügelstummel, daß sie ebensowenig wie die Larven der Heuschrecken oder Libellen einen Puppenzustand durchzumachen haben. Die Blättchen an den Seiten des Hinterleibs, die ruckweise in zitternde Bewegung versetzt werden, sind die sogenannten Tracheenkiemen. Jedes enthält ein feines Bäumchen von Luftröhren, die ebenso wie die Darmtracheen der Libellenlarven zur Wasseratmung dienen (Fig. 37). Dies wäre also schon die dritte Art, wie die wasserbewohnenden Insekten durch Vermittelung von Tracheen unter Wasser atmen, ohne besonderer Wasseratmungsorgane, nämlich eigentlicher

Kiemen zu bedürfen (Wasserkäfer, Libellen-, Eintags-fliegenlarven).

Unsere mit Kiefern ausgerüstete Larve verbringt gegen drei Jahre im Wasser, bis sie endlich an die Oberfläche steigt und das geflügelte Insekt sich der Hülle entwindet. Die Eintagsfliegen pflegen in dichten Scharen zu erscheinen, um nach einem Fluge von wenigen Stunden zum Wasserspiegel zurückzukehren und ihre Eier abzusetzen. Sie genießen zu dieser Zeit der höchsten Lebensentwickelung nichts, und dementsprechend bleiben ihre Mundwerkzeuge weich, obschon sie ihrer Anlage nach denen der bisher betrachteten Insekten gleichen. Nach der Eiablage sterben sie sofort.

Wer aber einmal seine Aufmerksamkeit den Bewohnern unserer süßen Gewässer zugewendet hat, wird unter ihnen wohl noch häufiger als die genannten Larven eigentümliche Gebilde antreffen, die zunächst nur durch ihre Bewegung das in ihnen verborgene tierische Leben verraten. Da siehst du auf dem Grunde des Bachs walzige Körper, aus Sandkörnern, Steinchen, Holzsplittern, leeren Schnecken- und Muschelschalen zusammengesetzt, welche sich langsam wenden und fortschieben. Erst bei genauerem Hinsehen erkennst du, daß an dem einen Ende ein Kopf und einige Beine aus dem hohlen Innern hervorschauen, welche letzteren das Ganze fortbewegen (Fig. 38). Es ist die Larve einer Köcherfliege, die sich jenes wunderliche Gehäuse aus recht verschiedenem Material zusammenzimmert und spinnt, um darin sowohl ihre Larven- wie ihre Puppenzeit zu verleben. Das fertige, außerhalb des Wassers lebende Insekt hat ziemlich große Netzflügel, die mit ähnlichen Schüppchen bedeckt sind wie die Schmetterlingsflügel; und auch durch die verkümmerten Mundteile, die ein Beißen ausschließen und nur ein Saugen flüssiger Nahrung gestatten, nähert sich die Köcherfliege einem Schmetterling.

Fig. 38.

Larve einer Köcherfliege.

In ganz abweichender Weise verbringt ein anderes netzflügeliges Insekt seine Jugend, dessen Name „Ameisenlöwe" eigentlich nur seiner Larve zukommen sollte. Am Rande sandiger Wege, die etwa an einem Kiefernwalde hinführen, erblickt man nicht selten kleine, etwa 3 cm im Durchschnitt haltende und sehr regelmäßige trichterförmige Grübchen, meist in größerer Zahl nebeneinander und schon deshalb auffällig. Anfangs läßt nichts darauf schließen, daß diese kleine Kraterlandschaft irgend etwas mit tierischem Leben zu tun habe, so tot und verlassen sieht sie aus. Doch da naht eine flinke Ameise; achtlos überschreitet sie den Rand des Trichters und fällt nun zappelnd in den Grund desselben, da der feine lockere Sand des Abhangs bei der leisesten Berührung nachgibt und hinabrieselt. In dem Augenblick, wo sie den Grund erreicht, wird sie aber von einer scharfen Zange gepackt, die bis dahin unscheinbar aus dem Sande hervorragte. Es entsteht ein Ringen, der Ameise gelingt es, sich loszureißen, und schleunigst wendet sie sich zur Flucht; diese würde ihr auch trotz des tückischen Sandabhangs vielleicht gelingen, wenn nicht ein neuer Angriff erfolgte. Im Grunde des Trichters wühlt die vorher völlig vergrabene Trägerin der mörderischen Zange, eine breite, plumpe Larve mit schwachen Beinen, gewaltig im Sande und schleudert ganze Ladungen davon der fliehenden Ameise nach. Der zurückrieselnde Sand entzieht ihr beständig den Boden unter den Füßen, trotz aller Anstrengungen gleitet sie zurück in die Tiefe, „in den Rachen des Löwen" *) und wird ihm zur Beute.

Wir verstehen nun den Namen „Ameisenlöwe", werden aber nach einem solchen Schauspiel geneigt sein, an ihm nicht nur die Löwenkraft, mit der er gleich große, gewandte und gutbewehrte Beutetiere überwältigt, sondern noch mehr die Verschlagenheit und Kunst zu bewundern, womit er seine ingeniösen Fallen baut. Mit seinen schwachen Beinen wäre er nicht imstande, die leichtfüßigen Ameisen und ähnliche Insekten zu verfolgen und zu erlegen; deshalb lauert er, im Grunde des selbstgegrabenen Trichters verborgen, bis die Beute ihm gerade in die vorgestreckte Kieferzange hineinfällt (Fig. 39). Das In-

---

*) Dieser Ausdruck ist aber insofern nur bildlich und nicht wörtlich zu nehmen, als unsere räuberische Larve auffallenderweise keinen Mund besitzt, sondern durch die feinen Kanäle, die ihre Kieferzangen bis zum Schlund hin durchziehen, ihre Beute aussaugt. Dieselbe Bildung wiederholt sich übrigens bei der räuberischen Larve des Schwimmkäfers.

sekt aber, das nach der Puppenruhe aus dem eigentlichen Ameisenlöwen hervorgeht, ist ein schlankes,

Fig. 39.

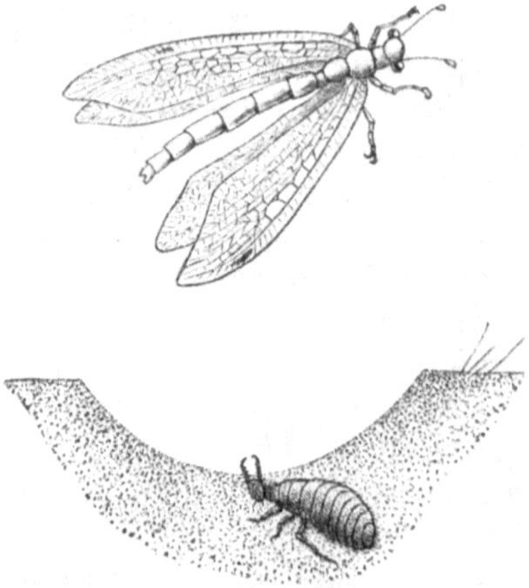

Der Ameisenlöwe, oben als fertiges Insekt, unten als Larve im Grunde des Sandtrichters lauernd, letzterer im Durchschnitt dargestellt.

mit vier großen und sehr zarten Netzflügeln versehenes Geschöpf, das das Räuberhandwerk seiner Jugend völlig verlernt hat und meist träge an Zweigen hängt.

Die Wespen und Bienen gehören infolge ihrer fleißigen Geschäftigkeit und ihres ausgezeichneten Fluges, der sie im schnellen Wechsel von Ort zu Ort trägt, zu den bekanntesten Insekten. Daher sehen wir an ihnen auch alle vier durchsichtig häutigen

Flügel zum Fluge besonders gut eingerichtet, indem der umgebogene Hinterrand des Vorderflügels über feine Häkchen des anstoßenden Randes vom Hinterflügel greift, und so auf jeder Seite des Körpers eine zusammenhängende Flugfläche entsteht. Äußerlich fällt auch die tiefe Einschnürung zwischen der Brust und dem walzigen Hinterleib — Wespentaille — sofort in die Augen, so daß die uns schon be-

Fig. 40.

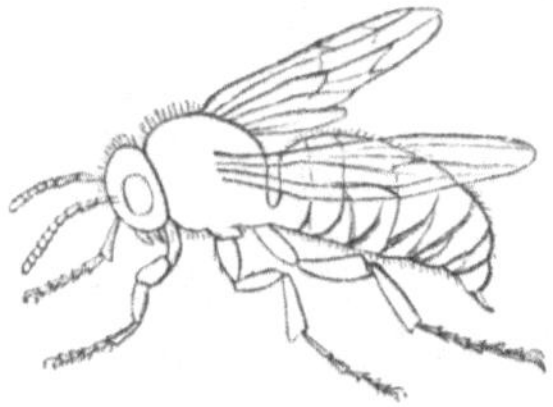

Hornisse.

kannte Dreiteilung des Insektenkörpers hier viel deutlicher hervortritt als bei den Käfern, Heuschrecken usw. (Fig. 40). Die kräftigen Beine und die unter einer beweglichen Oberlippe liegenden Oberkiefer erinnern wiederum an die Käfer, während Unterkiefer und Unterlippe länger ausgezogen sind und namentlich die letztere mit feinen Härchen dicht besetzt ist, zwischen denen eine von ihnen berührte Flüssigkeit (Pflanzensäfte) durch sogenannte Kapillarität leicht hinaufsteigt, geleckt wird. Es heißt daher eine solche Unterlippe „Zunge".

Bei der gemeinen Wespe ist die Zunge von

einer gewöhnlichen Unterlippe weniger verschieden als bei der Honigbiene, wo sie die Form eines behaarten Stabes hat, der von den rinnenförmigen Unterkiefern wie von einer Scheide umschlossen wird und zudem von einem feinen, bis in den Mund führenden Kanal durchbohrt wird (Fig. 41 II). Die

Fig. 41.

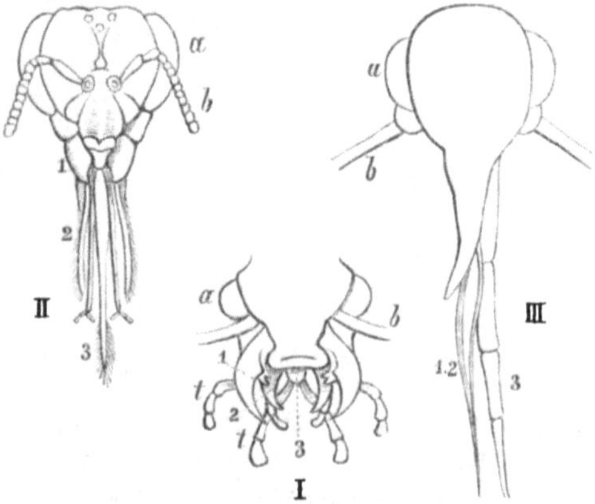

Kieferapparat eines Käfers (I), einer Biene (II) und einer Wanze (III), a Facettenaugen, b Fühler, 1 Oberkiefer, 2 Unterkiefer, 3 Unterlippe (Zunge), t Taster.

Zunge der Honigbiene ist also nicht bloß zum Lecken eingerichtet, sondern für die ausschließlich flüssige Nahrung zu einem Saugrohr geworden. Der geleckte und eingesogene Blumensaft wird aber nur zum Teil wirklich verzehrt, zum andern Teil aber in einem gestielten Anhang der Speiseröhre, dem Kropf, aufbewahrt und später als Honig entleert, sei es zur Anhäufung eines Futtervorrats in ihrem Bau oder zur Fütterung der Brut.

Die Weibchen dieser Insekten besitzen am Hinterende entweder eine Legeröhre (S. 132) oder einen ausstülpbaren Giftstachel. Naturgemäß erblickt man in dem letzteren das Mordinstrument eines Raubtiers, und in der Tat verdienen alle damit ausgerüsteten Wespen diesen Namen (Raubwespen), obgleich sie auch süßen Pflanzensäften in Blumen, an Früchten begierig nachgehen. Wie oft sehen wir nicht die gemeine Wespe an den süßen Beeren des Weinstocks und am reifen Spalierobst naschen, oder, etwa von einem süßen Duft angezogen, in unsere Stube hereinsausen, worauf sie aber im Flug eine Fliege ergreift und mit ihrer Beute blitzschnell wieder verschwindet. Tatsächlich ist nur die pflanzliche Kost die eigentliche Nahrung der Wespe, während die tierische Beute bloß als Futter für die unbeweglich ruhenden Larven heimgetragen wird. Manche Grabwespen verfahren bei ihrer Jagd so raffiniert, daß sie ihre Beute nicht gleich töten, sondern durch wohlberechnete Stiche in das Bauchmark nur betäuben und so in ihre Erdhöhlen eintragen, damit ihre unbehilflichen Larven das erwünschte Futter lebend, aber doch widerstandslos erhalten. Trotzdem aber die Bienen den gleichen Stachel tragen und sich seiner bekanntlich nicht selten bedienen, geschieht dies doch nur zur Abwehr, indem ihre und ihrer Larven Nahrung ausschließlich in Blumensäften und Blütenstaub besteht.

Auch unter den mit einer Legeröhre ausgestatteten Wespen gibt es neben einander Fleischfresser und Pflanzenfresser, ohne daß der Bau ihrer Kiefer sich entsprechend veränderte. So veranlassen z. B. die Gallwespen dadurch, daß sie vermittelst ihres Legebohrers in die Blätter oder andere Teile der Eichen,

Fig. 42.

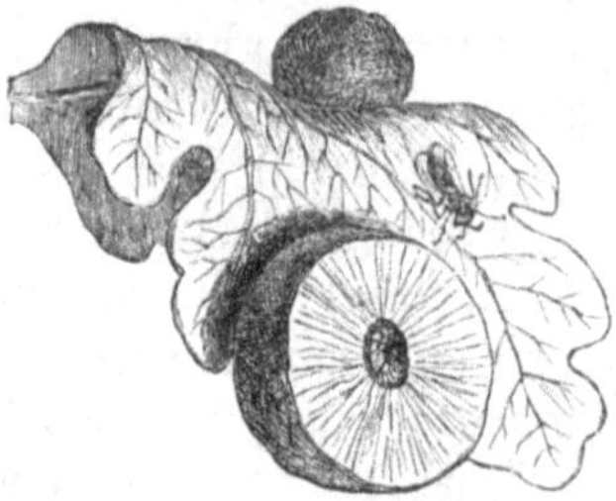

Gallwespe und Gallen auf einem Eichenblatt; eine Galle durchschnitten, um die im Innern steckende Wespenlarve zu zeigen.

Rosen und anderer Pflanzen Eier ablegen, die eigentümlichen unter dem Namen „Gallen“ bekannten krankhaften Auswüchse des Pflanzengewebes. Die in der Galle sich entwickelnde Larve nährt sich von dem sie umgebenden Pflanzenstoff und macht ihre ganze Verwandlung innerhalb der Galle durch, worauf die fertige Wespe sich einen Ausgang bohrt, um sofort zur Bildung neuer Gallen zu schreiten (Fig. 42).

Dagegen legen die Schlupfwespen ihre Eier vermittelst des Legebohrers in die Larven anderer Insekten, besonders in die Raupen von Schmetterlingen, von denen sich die auskriechenden Schlupfwespenlarven nähren. Dadurch wird schließlich der Tod der bewohnten Insekten herbeigeführt, und zwar oft erst während ihres Puppenzustandes, so daß mancher Schmetterlingssammler aus einer lange gepflegten Puppe zu seinem Verdruß statt des ersehnten Schmetterlings endlich die kleinen Schlupfwespen aus

Fig. 43.

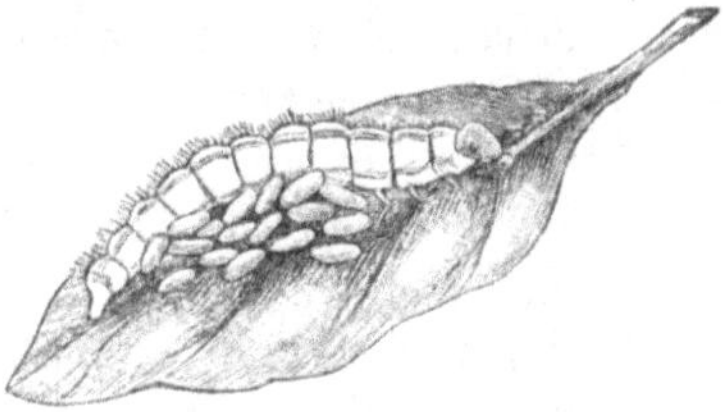

Schlupfwespen-Puppen unter einer Raupe (s. Text).

den zahlreichen Löchern der Puppe herausfliegen sieht. Manche Schlupfwespenlarven verpuppen sich auf der Raupe, aus der sie zuvor auskrochen (Fig. 43).

Durch die Vertilgung schädlicher Insekten, z. B. der gefährlichsten, waldverwüstenden Raupen machen die Schlupfwespen übrigens nur den Schaden wieder wett, den die Holzwespen an unseren Obst- und Waldbäumen anrichten, indem ihre Larven das Holz in allen Richtungen durchbohren.

Bienen und Wespen bedienen sich endlich oft sehr verschiedener Werkzeuge zu demselben Zweck. Die gemeine Honigbiene sammelt den für das „Honigbrot" (die Nahrung der Larven) nötigen Blütenstaub in besonderen Grübchen ihrer Hinterbeine

(„Körbchen"), während andere Bienen dasselbe erreichen, indem sie ihn beim Besuch der Blumen absichtslos mit den behaarten Stellen ihrer Beine oder ihres Hinterleibs abstreifen und heimtragen. Ihre Zellen baut die Honigbiene aus den Wachsschüppchen, die an ihrem Leibe ausschwitzen, die gemeine Wespe aber aus abgenagten Holzfasern, die sie mit ihrem Speichel zu einem papierartigen Stoff zusammenknetet; andere Wespen und Bienen fertigen aber ihre Wohnungen durch Ausnagen von Kammern in Holz, Lehm usw. Kurz — es ist weniger die Vollendung der Werkzeuge zu bewundern, mit denen diese Tiere ihre kunstvollen Wohnungen ausführen und das Futter für ihre Brut zusammensuchen, als vielmehr die vielseitige Ausnützung jener Werkzeuge zu oft sehr verschiedenen Zwecken.

Die eben angedeuteten Kunsttriebe der Wespen und Bienen haben aber in ihrer Gesamtheit nur einen Zweck: für die Brut zu sorgen, die in hilflosem Larvenzustande gefüttert werden muß und nach einer Puppenruhe eine vollkommene Verwandlung durchmacht. Ebenso zielt auch die bei vielen Wespen und Bienen anzutreffende „Staatenbildung" wesentlich auf eine Vervollkommnung der Brutpflege durch eine Arbeitsteilung unter den gesellig zusammenlebenden Tieren. In jedem Stock der Honigbiene ist nur ein Weibchen, die sogenannte Königin, dazu bestimmt, fortwährend Eier zu erzeugen und abzulegen, während die Tausende von unfruchtbaren „Arbeiterinnen" die Waben bauen, in deren Zellen die Eier und die

Honigvorräte Platz finden, den Honig eintragen, die Larven füttern und überhaupt den ganzen Haushalt besorgen. Nur die wenigen männlichen „Drohnen“ bleiben untätig und verkümmern frühzeitig im Laufe des Sommers.

Ein Unerfahrener verwechselt leicht Wespen und Bienen mit ähnlich gezeichneten und gefärbten Fliegen, weil auch diese eine zusammengezogene Brust, einen gut abgesetzten walzigen Hinterleib und häutig durchsichtige Flügel haben. Bei genauerem Hinsehen erkennt man aber, daß die Fliegen nur ein (vorderes) Flügelpaar besitzen: das hintere Paar ist zu den winzigen gestielten Schwingkölbchen verkümmert (Fig. 45 I). Trotzdem haben die „Zweiflügler“ an Flugfähigkeit nichts eingebüßt. Das Summen und Brummen aller Fliegen während des Fluges wird aber nicht, wie man glauben sollte, durch die Flügelschwingungen, sondern dadurch hervorgebracht, daß das Ein- und Ausströmen der Atemluft feine Häutchen oder „Stimmbänder“ in den Tracheenöffnungen in Schwingungen versetzt, wobei die Schwingkölbchen nur sekundieren.

An unserer Stubenfliege bemerkten wir schon den dicken fleischigen Rüssel (Unterlippe); und da ihre andern Kiefer so gut wie verschwunden sind, ist sie allerdings ausschließlich auf das Lecken von Flüssigkeiten angewiesen. Zu Ende des Sommers erscheint jedoch die ihr zum Verwechseln ähnliche, aber mit stechenden Kiefern versehene Stechfliege, die

Menschen und Haustiere überfällt, um deren Blut zu saugen. Daß ihre Opfer dadurch nur belästigt, nicht getötet werden, verdanken sie lediglich ihrer Größe; denn die in gleicher Weise andere Insekten aussaugenden Raubfliegen führen deren Tod herbei. Folglich kann auch die Stechfliege zu den Raubtieren gestellt werden.

Die meisten Fliegen legen ihre Eier in verwesende tierische oder pflanzliche Substanzen ab; so der wohlbekannte schwarzblau glänzende „Brummer"

Fig. 44.

Schmeißfliege (I) mit ihrer Larve (II) und Puppe (III).

oder die Schmeißfliege (Fig. 44) in jedes ihr zugängliche Fleisch, welches sie von weitem wittert. Der dadurch bekundete vorzügliche Geruchssinn dürfte aber den meisten Fliegen zukommen. Die Larven solcher Fliegen sind fußlos und werden „Maden" genannt; sie gehen in völlig ruhende tonnenförmige Puppen über. Die Dasselfliegen haben die seltsame Gewohnheit, ihre Eier unter die Haut oder in die Nase unserer Rinder und Schafe oder der Rehe und Hirsche abzulegen, wo sie dann ihre Entwickelung durchmachen — weitere Beispiele von Anpassung an noch nicht ausgenutzte Aufenthalte.

Von den Zweiflüglern drängt uns aber nicht nur die Stubenfliege ihre lästige Bekanntschaft auf; dies tut ferner ihre würdige Genossin, die Stechmücke, als Vertreter der zweiten Gruppe von Zweiflüglern,

Fig. 45.

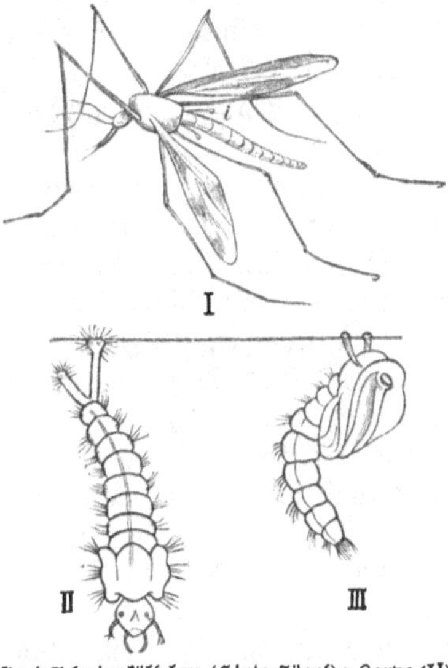

Bachmücke (I), i Schwingkölbchen (Hinterflügel); Larve (II) und Puppe (III) der Stechmücke, an der Wasseroberfläche hängend (vergrößert).

der Mücken oder Schnaken (Fig. 45 I). Diese sind durch schlanken Körperbau und längere Fühler, sowie durch den Besitz von borstenförmigen nadelspitzen Kiefern ausgezeichnet, um welche die Unterlippe eine röhrige Scheide bildet, zur sichern Führung jener Stechinstrumente. Das Blutsaugen der gemeinen Mücke und vieler ihrer Verwandten, in manchen Ländern insgesamt Moskitos genannt, ist sattsam bekannt.

Die Stechmücke legt ihre Eier ins Wasser; weshalb regenreiche Jahre, die viele Wasserlöcher entstehen lassen, auch die Vermehrung jener Plagegeister begünstigen. Man findet alsdann das Wasser von den zahlreichen Larven und Puppen der Mücke gradezu schwarz gefärbt und undurchsichtig. Hat man eine Probe davon in einem Glasgefäß geschöpft, so bemerkt man ein fortwährendes Auf- und Absteigen der kleinen Geschöpfe. Die Larven hängen, den Kopf nach unten, mit einem am Hinterende vorstehenden Atemrohr am Wasserspiegel, um zu atmen, während sie gleichzeitig den Vorderkörper herumwerfen, um Nahrung zu suchen (Fig. 45 II). Zeitweise, namentlich infolge von Erschütterungen des Wassers, sinken sie auf den Grund hinab, um sich alsbald wieder zu erheben. Auch die Puppen hängen am Wasserspiegel, aber mit zwei im Nacken befindlichen Atemröhren (Fig. 45 III), und wenngleich sie keine Nahrung aufnehmen, schnellen sie sich, unähnlich anderen Puppen, lebhaft auf und ab.

Die Larven und Puppen unserer Mücke zeigen also deutlich, daß sie ins Wasser hinabgestiegene Lufttiere sind, die sich diesem Aufenthalt noch nicht so vollkommen angepaßt haben, wie z. B. die Larven der Eintagsfliegen und Libellen, die mit ihren Tracheen im Wasser selbst atmen. Denn die Atemröhren der Mückenlarven sind gewissermaßen langausgezogene Ränder der gewöhnlichen Atemlöcher, die wie diese letzteren die Luft über dem Wasser unmittelbar in die Tracheen leiten.

Die Namen „Gallmücken“ und „Pilzmücken“ belehren uns über den wieder ganz abweichenden Aufenthalt und die Lebensweise ihrer Larven.

Fig. 46.

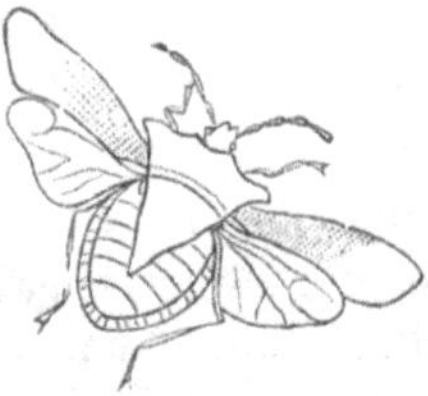

Baumwanze.

Während wir bei der Umschau nach dem mannigfaltigen Insektenvolk alle Blumen und Sträucher unseres Gartens mustern, fällt unser Blick nicht selten auf die winzigen hellgrünen Geschöpfe, welche die zarten Sprossen der Rosen dicht besetzen. Sie sind uns unter dem Namen der Blattläuse, einer Abteilung der Pflanzenläuse, bekannt. Sie stechen und saugen an den Pflanzen mit einem ganz ähnlichen Rüssel oder Schnabel wie die Mücken, woher die Bezeichnung „Schnabelkerfe“ stammt; sie sind aber von jenen Zweiflüglern dadurch unterschieden, daß ihre Flügel in zwei Paaren vorhanden sind oder ganz fehlen. An anderen, größeren Schnabelkerfen, z. B. den Baumwanzen (Fig. 46) und Wasserwanzen (der räuberische Wasserskorpion usw.), die durch den abgeplatteten Körper und die starke Vorderbrust an Käfer erinnern, sind die Vorderflügel zur Hälfte lederartig, halbe Flügeldecken (Halbflügler).

Aber nicht diese großen, nicht die überall sichtbaren oder als Parasiten des Menschen und der höheren Tiere unangenehm bekannten Schnabelkerfe haben es vermocht, die Aufmerksamkeit der weitesten Kreise auch nur entfernt in dem Maße auf sich zu lenken, wie die winzige, verborgen lebende und darum auch den beteiligten Personen selten sichtbare Reblaus, ein anderer Vertreter der Pflanzenläuse. Trotz ihrer Zartheit verbreitet sie sich unaufhaltsam über die Rebkulturen, um sie in der Regel langsam, aber sicher zugrunde zu richten. Die Schwierigkeit, ihrem Fortschreiten einen Damm zu setzen, rührt nicht sowohl von ihrer schnellen Vermehrung, als von ihrer Lebensweise her: als ungeflügeltes Geschöpf lebt sie anfangs an den Blättern und am Stamm, um dann zu den Wurzeln der Rebe hinabzusteigen, nach deren Zerstörung andere Generationen wieder an die Oberfläche kommen und als geflügelte Insekten ihre Art mit Leichtigkeit weiter verbreiten. Der Sieg der unscheinbaren Reblaus über den Menschen folgt also wiederum aus der großen Anpassungsfähigkeit dieses Insekts gegenüber verschiedenen Lebensbedingungen.

Auch die Zikaden sind Schnabelkerfe. Man lernt diese Tiere zwar am besten in den wärmeren Ländern kennen; aber eins von ihnen bringt bei uns an verschiedenen Wiesenpflanzen, auch an Weidenzweigen eine allbekannte, aber meist unverstandene Erscheinung hervor. Wir sprechen von der Schaumzikade und dem sogenannten Kuckucksspeichel. Auf unseren Ausflügen haben wir wohl schon wiederholt die Klumpen oder Tropfen weißen Schaumes an den Stengeln verschiedener Pflanzen gefunden, den der Volksmund in Unbekanntschaft mit ihrer wahren Natur dem Kuckuck zuschreibt. Wenn wir im Schaume nachsuchen, finden wir ein kleines Insekt darin, die Larve der genannten Schaumzikade. Sie ist aus dem am Fuße der Pflanze abgelegten Eie aus- und den Stengel hinaufgekrochen und hat alsdann, indem sie den Pflanzensaft einsog, eine Flüssigkeit ausgeschieden, in der sie nach Art der im Wasser sich aufhaltenden Insekten lebt. Das Tierchen muß von Zeit zu Zeit an die Oberfläche seiner wässerigen Hülle kommen, wo es sich einen Ballon Luft zur Aufnahme in die Luftröhren mitnimmt. Ist diese Luft durch den Atmungsprozeß ausgenutzt, so scheint sie aus den Luftröhren ausgepreßt zu werden, bleibt aber, wie die Luftkugeln im Seifenschaum, in der Hüllflüssigkeit und macht sehr bald auch diese zu Schaum.

Die letzten hier zu erwähnenden Insekten, die Schmetterlinge, sind die vollkommensten Flugtiere, die eine andere Art von Bewegung kaum kennen. Darauf deuten schon die schwachen, nicht selten teilweise verkümmerten Beine und die großen, mit kleinen farbigen Schüppchen (Schmetterlingsstaub) bedeckten Flügel (Fig. 47 III). Als einziges, deutlich kenntliches Mundwerkzeug tragen sie eine lange, in der Ruhe spiralig eingerollte Röhre, die gerade ausgestreckt in die Blumenkelche gesenkt wird, um deren Saft einzusaugen. Diese „Rollzunge“ besteht aus

Fig. 47.

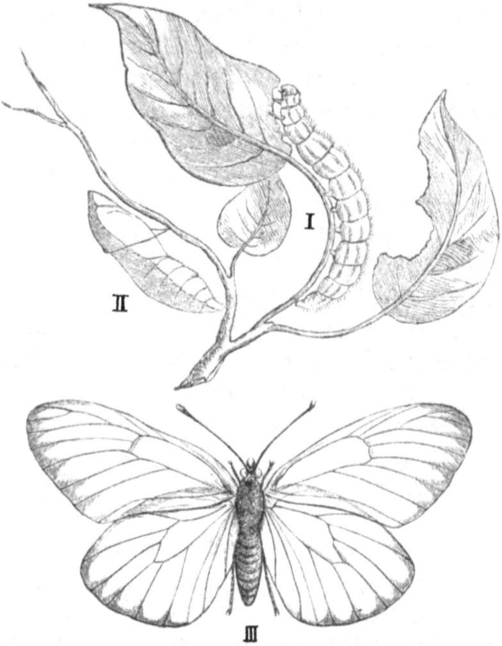

Raupe (I), an einem Blatt nagend, und in einer Fadenschlinge hängende Puppe (II) des Baumweißlings (III).

zwei rinnenförmigen Hälften, die an ihren Rändern durch ineinandergreifende Härchen verbunden sind und die Unterkiefer vorstellen; die übrigen Mundwerkzeuge der Insekten finden sich bei den Schmetterlingen nur in gänzlich verkümmertem Zustande.

Auffälliger und bekannter als von irgend einem andern Insekt ist die Entwickelungsgeschichte des Schmetterlings. Seine Larve oder die „Raupe“ ist ein plumpes, durch kräftige beißende Kiefer und eine entsprechende Gefräßigkeit ausgezeichnetes Geschöpf, das nicht selten jahrelang auf verschiedenen Pflanzen, im Holze usw. lebt, ehe es in den Puppenzustand übergeht. Die Raupen bewegen sich nicht nur auf den sechs kurzen Klauenfüßen der Brust, sondern auch auf viel zahlreicheren Fußstummeln des Hinterkörpers (Fig. 47 I).

Nach der letzten Häutung der Raupe — denn sie macht mehrere Häutungen durch — zeigen sich schon die an den Leib angeschmiegten Anlagen der Flügel und Beine, die Augen usw. des Schmetterlings. Doch verklebt der Hautüberzug aller dieser Teile zu einer zusammenhängenden harten Hülle (Puppenhaut), in welcher der werdende Schmetterling im vollkommenen Puppenzustande sich weiter entwickelt. Zwei Drüsenschläuche der Raupe, die an ihrer Unterlippe ausmünden (Spinndrüsen), liefern eine fadenziehende, an der Luft erhärtende Flüssigkeit (Seide); nachdem sie das erste Tröpfchen davon an einen festen Gegenstand angeklebt hat, zieht sie es gleichmäßig zu einem Faden aus und bereitet sich daraus entweder eine Schlinge, in der die Puppe hängt (Fig. 47 II), oder umgibt sich mit einem dichten Gespinnst (Cocon), indem sie den Faden ununterbrochen in Kreisen um sich herum zieht. Die Raupe des Seidenspinners erzeugt einen Faden von etwa tausend Meter Länge.

Der aus der Puppe ausgeschlüpfte Schmetterling kennt eigentlich nur eine Sorge, seine Eiertracht an passender Stelle, oft schon an der Stelle seiner Geburt abzusetzen. Meist stirbt er kurze Zeit darauf, so daß nicht nur der längere Abschnitt seines Lebens, sondern auch seine bedeutsamste Tätigkeit in die Larvenzeit fällt. So versteht sich, daß Schaden und Nutzen, die wir den Schmetterlingen zuschreiben, immer nur von ihren Raupen ausgehen. Die Verwüstungen, die sie an unsern Gemüsen (Weißlinge), Obstbäumen (Ringelspinner), am Laubholz (Weidenbohrer) und besonders an den Nadelhölzern (Kiefernspinner, Kieferneule) anrichten, reihen sich ebenbürtig dem Schaden an, den wir durch den Borkenkäfer erfahren, und werden kaum durch den Nutzen aufgewogen, den der Seidenspinner uns gewährt. Während aber dieser uns die Seide zu unseren vornehmsten Geweben liefert, zerstören die Larven der in unsere Wohnungen eindringenden Kleidermotte alle wollenen Stoffe, Pelzwerk u. dergl.

Nach diesem flüchtigen Überblick über Bau und Leben der Insekten wollen wir uns von dem immerhin farbenreichen Bilde nicht abwenden, ohne durch Sichtung der gewonnenen Kenntnisse uns eine Rechenschaft von der allgemeinen Bedeutung aller einschlägigen Erscheinungen abzulegen. Fassen wir zuerst die Hauptgruppen oder Ordnungen der Insekten in ihren wichtigsten Merkmalen kurz zusammen, so haben wir folgende zu unterscheiden.

Gradflügler

heißen die Insekten mit beißenden Kiefern, mit mehr oder weniger häutigen Flügeln und einer gleichmäßig fortschreitenden Entwickelung ohne den Ruhezustand einer Puppe.

An die grüne Laubheuschrecke, von der wir ausgingen (S. 130), schließen sich ohne weiteres die Feldheuschrecken mit der Wanderheuschrecke an; ferner die ungebetene Mitbewohnerin unserer Häuser, das wenigstens durch seinen „Gesang" wohlbekannte Heimchen (Hausgrille), während ihre Gesellschafterin in unseren Küchen und Backstuben, die unsympathische Küchenschabe, durch ihr Äußeres eher an Käfer erinnert, wenn nicht die unvollkommene Verwandlung sie den übrigen Gradflüglern anreihte. Noch schwerer verständlich wird es dem Unkundigen, daß auch die Wasserjungfern und Eintagsfliegen (S. 132) und gar die sogenannten weißen Ameisen oder Termiten — nur durch ihre Bauten und ihre gesellschaftliche Gliederung den gewöhnlichen Ameisen vergleichbar — in dieselbe Ordnung mit den Heuschrecken gehören, und zwar aus demselben Grunde, wie die Schaben.

Netzflügler.

Diese Ordnung, uns durch die Köcherfliege und den Ameisenlöwen bekannt geworden, ist durch die Flügelbildung ihrer Angehörigen viel weniger als durch deren vollkommene Verwandlung von den äußerlich ähnlichen Libellen und Eintagsfliegen geschieden, und durch einzelne Merkmale vielmehr anderen Insektenordnungen genähert (vgl. S. 136).

Käfer.

Die artenreichste und doch eine der gleichmäßigsten Insektenordnungen, deren Merkmale neben den beißenden Kiefern die harten Flügeldecken (Vorderflügel) und die vollkommene Verwandlung sind. Außer den genannten Arten: Maikäfer, Schwimm- und Wasserkäfer, Laufkäfer, Borken- und Pochbohrkäfer (S. 128), könnten noch als zahlreichste Sippe die Rüsselkäfer gemerkt werden, deren Rüssel nur in dem verjüngt ausgezogenen Vorderende des Kopfes besteht, und die oft scharenweise erscheinenden Blattkäfer, beide Formen als Pflanzenfeinde bekannt. So gehört z. B. zu den Blattkäfern der einst so sehr gefürchtete Kartoffelkäfer, und die vermeintlichen „Würmer", die so oft die Haselnüsse ausfressen, sind die madenförmigen Larven eines Rüsselkäfers.

Hautflügler

sind die Wespen und Bienen mit beißenden und leckenden Mundwerkzeugen, vier gleichartigen, wenig geäderten Flügeln und einer vollkommenen Verwandlung (S. 138 u. ff.). Sie zerfallen nach den früher beschriebenen Hinterleibsanhängen der Weibchen in die Giftstachel- und die Legebohrerträger. Die ersteren sind die Bienen (Honigbiene, Hummel) und die Raubwespen (gemeine Wespe, Hornisse, Grabwespen und Ameisen); die andere Abteilung umfaßt die Gall-, Schlupf- und Holzwespen.

Zweiflügler

oder saugende, stechende Insekten mit zu Schwingkölbchen verkümmerten Hinterflügeln sind uns in den plumpen Fliegen (mit kurzen Fühlern) und den schlanken Mücken (mit langen Fühlern) bekannt geworden (S. 145). Aus der ersten Gruppe merkten wir uns die Stuben-, die Schmeiß- und die Stechfliege, sowie die Raubfliege, aus der zweiten Gruppe die Stechmücke, die Gall- und Pilzmücken. Alle durchlaufen einen Puppenzustand.

Schnabelkerfe.

Sie besitzen gleich den Zweiflüglern einen stechenden und saugenden Rüssel (Schnabel), der aber gegliedert ist, ferner entweder gar keine oder vier Flügel. Baum- und Wasserwanzen, Pflanzenläuse, darunter die Reblaus, und die Zikaden (Schaumzirpe) wurden als Vertreter dieser Ordnung aufgeführt (S. 149).

Schmetterlinge.

Diese Ordnung ist durch die vier großen „bestäubten" Flügel, die saugende Rollzunge und die

Entwickelung als Raupe und Puppe hinlänglich gekennzeichnet (S. 151). In den Weißlingen (Tagschmetterlinge), dem Weidenbohrer, dem Seiden-, Kiefer- und Ringelspinner und der Kieferneule (Nachtfalter), endlich der Kleidermotte (Kleinschmetterlinge) lernten wir Vertreter verschiedener Unterabteilungen kennen.

Nachdem wir auf diese Weise die uns bekannt gewordenen Insekten haben Revue passieren lassen, besinnen wir uns auf das, was uns an ihnen besonders auffällt. Offenbar ist dies in erster Linie ihre außerordentlich große Fähigkeit der Anpassung an die verschiedenen Lebensweisen. Auf dem Lande und in den süßen Gewässern gibt es kaum einen Ort und nur wenige Pflanzen und Tiere, die nicht dauernd oder vorübergehend Insekten Aufenthalt böten; es gibt keine Art der Bewegung, die sie nicht kennten, keine pflanzliche oder tierische Substanz, Lebendes oder Verwesendes, Holz, Wolle u. a., die nicht einige von ihnen als Nahrung aufsuchten. Diese Anpassungsfähigkeit der Insekten beruht aber viel weniger, als man glauben sollte, auf einer entsprechenden Verschiedenheit ihrer natürlichen Werkzeuge als auf einer vielseitigen Ausnützung derselben Organe. Sie unterscheiden sich dadurch sehr auffällig von den Wirbeltieren, insbesondere den Säugetieren, die bei einem gleichen Maß von vielseitiger Anpassung weit größere Abweichungen ihres Körperbaues zeigen. Vergleicht man die Beine und

Flügel einer Heuschrecke, eines Schwimmkäfers und einer Biene, so fällt ihre Übereinstimmung sofort in die Augen, während die verwandte Bildung in den Gliedmaßen des Pferdes, der Fledermaus und des Wals uns erst durch genaueres Studium klar wird. Und doch ist die Lebensweise der letzteren nicht verschiedener als diejenige jener drei Insekten. Der Schwimmkäfer ist dem Wasserleben eben so gut angepaßt, wie der Wal, die gewaltige Sprungbewegung der Heuschrecke und der treffliche Flug der Biene nicht weniger verschieden, als die Bewegungen des Pferdes und der Fledermaus. Trotzdem sind die Beine jenes Käfers so wenig zu Flossen umgestaltet, daß er auf ihnen, wenn auch nicht sehr geschickt, gehen kann; und er und die springende Heuschrecke haben daneben noch immer leistungsfähige Flugorgane.

Dasselbe Verhältnis kehrt in der Kieferbildung wieder, welche bei Pflanzenfressern und Raubtieren unter den Käfern, Heuschrecken, Wespen und Bienen wesentlich gleich sein können. Umgekehrt sehen wir aber die Insekten oft durch verschiedene Werkzeuge denselben Zweck erreichen. Die Zweiflügler stehen im Fluge hinter den meisten Vierflüglern nicht zurück, die Wespe saugt den Blütensaft ebenso vollkommen mit ihrer flachen Unterlippe wie der Schmetterling mit seinem röhrigen Unterkieferpaar und erlegt ihre Beute mit ihrem Giftstachel ebenso wie die Raubfliege mit ihren Kiefern.

Diese Vielseitigkeit wird bei vielen Insekten noch durch den Umstand erhöht, daß ihre Jungen, die

Larven, sich nicht nur im Bau, sondern auch in der Lebensweise von den Erwachsenen entfernen. Die Larven vieler ausschließlich fliegenden Insekten bewohnen das Wasser (Libellen, Eintagsfliegen, Stechmücken), andere dagegen faulende tierische und pflanzliche Substanzen (Fliegen), die Larven der Gallwespen und Gallmücken die von ihnen erzeugten Gallen, die Schlupfwespenlarven die Raupen und Puppen von Schmetterlingen, und am längsten und besten bekannt ist der Gegensatz der pflanzenfressenden Raupe und des nektarschlürfenden Schmetterlings.

Um aber die Entwickelung der Larven in den ihnen zusagenden Verhältnissen zu sichern, bedarf es häufig der besonderen Fürsorge der Mutter. Sie hat den passenden Ort für die Eiablage zu suchen und zu wählen, der oft außerhalb des Kreises ihrer Lebensgewohnheit liegt (Fliegen s. o.); sie gräbt dazu schützende Höhlen und legt vorsorglich Futtervorräte für die künftigen Larven an (Grabwespen) oder füttert sie wie der Vogel seine Brut. Daraus entwickelten sich endlich die besonderen Kunsttriebe, welche Wespen und Bienen, Termiten und Ameisen ihre wunderbaren Baue ausführen lassen; und Hand in Hand damit ging die Bildung von großen Gesellschaften, „Völkern", in denen sich die Arbeiter von den lediglich eierlegenden Tieren (Königinnen) und andererseits von den bloß zur Abwehr der Feinde geschickten „Soldaten" schieden und so durch Arbeitsteilung und ineinandergreifende Tätigkeit großer Massen bessere Erfolge erzielten.

Diese mannigfache Brutpflege und alle damit zusammenhängenden Tätigkeiten der Insekten pflegt man auf sogenannte Instinkte, d. h. unbewußte Triebe zurückzuführen. Sicher ist nun, daß jede Tätigkeit eine Muskelleistung und daher von den Nerven abhängig ist, anderseits durch die Sinne angeregt und durch Sehen und Hören, Tasten, Schmecken und Riechen geleitet wird. Folglich muß alles, was jene Tätigkeit veranlaßt, mag man es nun Instinkt oder Überlegung nennen, dort entstehen, wo die Empfindungen und die Muskelreize zusammentreffen, im zentralen Nervensystem, dem Hirn und Bauchmark der Insekten.

Ferner steht diese zentrale Nerventätigkeit, die wir schlechtweg als geistiges oder Seelenleben bezeichnen können, im innigsten Zusammenhange mit der besondern Einrichtung der empfindenden und der bewegenden Organe. Freilich lehren uns schon die Erfahrungen über das Sehen der Insekten, daß wir uns eine klare Vorstellung über ihr Empfindungsleben nicht machen können. Wenn wir aber nach den sichtbaren Erfolgen urteilen, so dürfen wir das Seelenleben der Insekten nicht hoch genug anschlagen und auch darin den Ausdruck ihrer vollkommenen Organisation nicht verkennen.

Hierbei muß uns aber auffallen, daß jenes Seelenleben gerade dort am höchsten entwickelt ist, wo die Brutpflege und was damit im Zusammenhang steht, am vollkommensten organisiert ist, wie gerade bei den Wespen, Ameisen, Bienen. Ihre staunenswerten

Instinkte erschöpfen sich geradezu darin, der Brut passende Wohnung und Nahrung zu beschaffen. Dies geht so weit, daß die Raubwespen ihre tierische Beute lediglich als Futter für ihre Larven eintragen, während sie selbst sich mit Blumen- und Fruchtsäften begnügen. Die Lebensweise und selbst die Ausrüstung des Raubtiers (Kieferzangen, Giftstachel) dient also nur noch ausschließlich der Brutpflege. Bei den Gall- und Schlupfwespen endlich ist nicht nur die sie charakterisierende Lebensweise auf das Larvenleben beschränkt, sondern die aus den Puppen hervorkriechenden Wespen scheinen überhaupt keine andere Tätigkeit zu kennen, als ihre Eier am passenden Ort abzulegen, um sodann selbst zu sterben. Dasselbe beobachten wir an manchen Schmetterlingen, Käfern (Borkenkäfer), an der Eintagsfliege und anderen Insekten.

Diese Verkürzung des Lebens des vollendeten Insekts geschieht aber zugunsten der Larven, die infolgedessen oft jahrelang leben (Eintagsfliege, Maikäfer, Weidenbohrer) und zwar unter ganz anderen Verhältnissen, als ihre Eltern.

Blicken wir zurück: die Organisation des fertigen Insekts, seine Instinkte, die wesentlich im Dienste der Brutpflege stehen, sein abweichendes Larvenleben, alles vereinigt sich zu dem einen Zweck einer immer größeren Verbreitung der Insekten, indem sie jeden Platz auf dem festen Lande und in seinen Gewässern für sich einzunehmen und zu bevölkern trachten. Und zwar geschieht dies nach denselben Gesetzen, nach denen auch die Ausbreitung des Menschen selbst erfolgt. Da in allen durch die Kultur ausgezeichneten Ländern die Menschenzahl stetig zunimmt, so kann einer Übervölkerung im Staat oder einzelnen Stand und Beruf nur durch Auswanderung oder Einführung neuer lohnender Tätigkeiten begegnet werden. Der Erfolg hängt aber natürlich von der Fähigkeit des Volksstammes ab, sich den verschiedensten Tätigkeiten und äußeren Lebensbedingungen anzupassen, so daß die darin bevorzugten Rassen sich am weitesten räumlich ausbreiten.

Solche Vorzüge und Erfolge haben nun unter den Tieren gerade die Insekten aufzuweisen; weshalb es kaum möglich ist, irgendwelche Lebensarten von Tieren zu nennen, die nicht gleichzeitig von irgendwelchen Insekten ausgenützt würden.

Dies weiß eigentlich jedermann aus seiner täglichen Erfahrung; wenn er aber darüber weiter nachdenkt, so bleibt er in der Regel bei der Überlegung stehen, ob die ihm auf Schritt und Tritt begegnenden Insekten ihm nützen oder schaden. Da braucht man nicht erst an die fürchterlichen Landplagen fremder Länder (Waldheuschrecke, Tse-Tsefliege Afrikas u. a.) erinnert zu werden, sondern nur an die ständige Plage der unsere Wohnungen und Gärten, unsere Felder und Wälder bevölkernden Insekten zu denken, um zu dem Schluß zu kommen, daß der durch sie herbeigeführte Schaden an den Wald- und Obstbäumen, an unserem Getreide und Gemüse, an unseren Speisevorräten, jeglichem Holzwerk und Gewebe, und endlich an unseren Haustieren und unserem eigenen Leibe den Nutzen weit überwiegt, den uns Biene und Seidenspinner gewähren.

Sobald wir uns aber einige Kenntnisse über das Leben der Tiere erworben haben, reicht unser Blick über das eigene Ich, sein Wohl und Weh hinaus. Wir erinnern uns dann, daß die allverbreiteten Insekten in demselben Maße, als sie namentlich als Pflanzenfresser anderen Lebewesen irgend welche Lebensbedingungen beschränken, entziehen, wiederum den verschiedensten Geschöpfen zur Nahrung dienen: den Insektenfressern unter den Säugern, Vögeln, Kriechtieren, Lurchen und Fischen und unter den Insekten selbst. Der uns dadurch mittelbar zufließende Nutzen ist freilich nicht so handgreiflich wie der erwähnte unmittelbare Schaden, und wird daher meist übersehen.

Und noch mehr! Lange hat der kurzsichtige Mensch den größten Erfolg, den die blumenbesuchenden Insekten im ganzen Haushalt der Natur erzielen, nicht einmal geahnt. Wespen und Bienen, Schmetterlinge und Fliegen müssen, um zu ihrer Nahrung, dem Honigsaft oder Nektar im Grunde der Blume, zu gelangen, tief in diese eindringen, wobei sie den Blütenstaub oder Pollen von den Staubbeuteln abstreifen. Indem sie nun aber den an ihrem Körper hängen gebliebenen Pollen auf andere Blumen derselben Art übertragen, führen sie deren Befruchtung und die Samenbildung in ihnen viel sicherer herbei, als wenn diese Vorgänge anderen Zufällen überlassen blieben. Andererseits verbessert auch bei denjenigen Pflanzen, deren Blüten sich selbst befruchten können, eine Kreuzbefruchtung mit dem Blütenstaub einer anderen Blüte den Samen, sorgt also für eine gedeihlichere Erhaltung der Art. Sehr viele Blüten sind daher so eingerichtet, daß sie durch Aussehen und Geruch die für sie so vorteilhaften Besucher anlocken und nur noch durch die letzteren befruchtet werden und sich fortpflanzen können.

So zeigt z. B. Fig. 48 einmal die Lage der zu bestäubenden Narbe a und des Staubbeutels b in der unberührten Blüte, und zweitens, wie eine in die

Fig. 48.

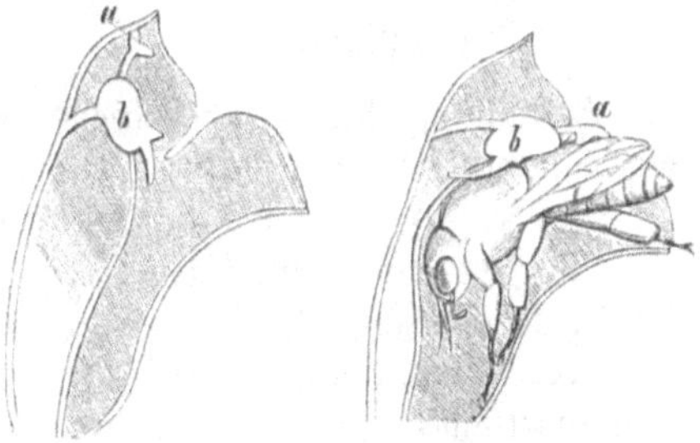

Befruchtung einer Blume durch eine Biene; a Narbe, b Staubbeutel (s. Text).

letztere eindringende Biene jene beiden Teile so umbiegt, daß sie ihren Rücken berühren. Dadurch bleibt etwas Blütenstaub aus dem Staubbeutel b an ihm hängen und wird, wenn das Tier eine zweite Blüte derselben Art besucht, an die hinabgebogene Narbe a gestrichen, diese also bestäubt, was ohne die Mitwirkung der Biene überhaupt nicht geschähe. Auf diese Weise ist der Bestand zahlreicher Pflanzenarten, die uns von Nutzen sind oder uns durch ihre Blüten erfreuen, von dem Besuch der Insekten abhängig gemacht.

Mit solchen Kenntnissen werden wir darauf verzichten, die Bedeutung der Insekten lediglich nach dem Schaden und Nutzen zu bemessen, die uns unmittelbar von ihnen kommen. Ungleich höher und wichtiger erscheint uns vielmehr die Rolle, die sie im ganzen Haushalt der Natur spielen.

Die Spinnentiere.

Unsere Betrachtung der Insekten begannen wir damit, daß wir den ständigen Mitbewohner unserer Zimmer, die Stubenfliege, bei ihrem ruhelosen Treiben belauschten. Indem wir zuletzt ihrem Flug durchs offene Fenster hinaus folgten, stießen wir auf die bunte Gesellschaft der übrigen Insekten. Ihr unachtsamer Flug führt aber die Fliege oft genug in eine ganz andere, unliebsame Gesellschaft — in das Gewebe einer Spinne.

Das zierliche radförmige Netz, das die Kreuzspinne — so genannt nach der kreuzförmigen Zeichnung auf ihrem Hinterleib — in irgend einem Winkel senkrecht ausspannt, kennt wohl jedermann. Wer hätte nicht auch schon gesehen, wie eine unglückliche Fliege, gegen ein solches Netz anfliegend, darin hängen bleibt, durch heftiges Zappeln sich noch mehr verwickelt und nun schon dem Biß der herbeigeeilten Spinne erliegt. Wir sehen dieses Schauspiel so häufig, daß auch die äußere Erscheinung der Kreuzspinne uns im allgemeinen nicht fremd ist. Vier Paare langer, deutlich gegliederter Beine tragen den Vorderleib, der Kopf und Brust ungesondert umfaßt (Kopfbruststück), und von dem der große, beinahe

Fig. 49.

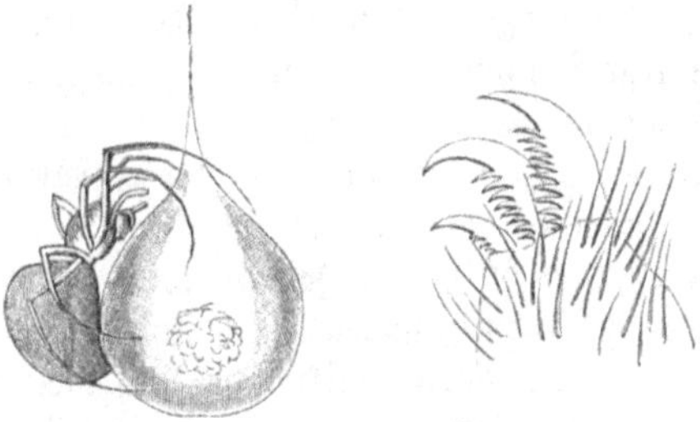

I II

Spinne auf ihrem Cocon (I) und ein Spinnenfuß vergrößert (II).

kugelig angeschwollene Hinterleib durch eine tiefe Einschnürung getrennt ist (Fig. 49).

Schon diese auffälligsten Merkmale unterscheiden die Spinne von den Insekten: dort die Zweiteilung des Körpers und acht Beine, hier die Dreiteilung und sechs Beine. Als weitere Kennzeichen dienen die Anhänge des Kopfes, wovon die Insekten ein Paar Fühler und drei Paar Kiefer, die Spinnen nur zwei Paar Kiefer besitzen. Betrachten wir unsere

Kreuzspinne in dem Augenblick, wo sie die gefangene Fliege faßt. Sie erhebt dazu die unmittelbar unter dem Stirnrande befindlichen zwei hakenförmigen Klauenkiefer und schlägt ihre scharfen Spitzen in ihr Opfer. Man nennt sie Kieferfühler, weil sie die Stelle der Insektenfühler einnehmen. Sie sind mit einer feinen Öffnung versehen, aus der ein Tröpfchen Gift in die Wunde fließt; deshalb tötet der Biß der Spinne so schnell. Hinter den Klauenkiefern befindet sich ein Paar Unterkiefer mit einer tasterförmigen Verlängerung (Kiefertaster); mit diesen Teilen legt sich die Spinne ihren Fang zum Aussaugen an die Mundöffnung.

Die Kreuzspinne ist also von den Insekten deutlich zu unterscheiden; dennoch hat sie mit ihnen die Gliederung der Beine, die feste Körperbedeckung und manches in ihrem inneren Bau gemeinsam. Sie atmet ebenfalls durch Luftröhren und vielgefaltete Luftsäcke (Lungen) und besitzt ein Spaltherz mit wenigen Blutgefäßen. Kurz, sie ist gleich den Insekten ein luftatmender Gliederfüßer. Sie hat ferner auch ein ähnliches Nervensystem wie diese und von kenntlichen Sinnesorganen Augen von der Art der Punkt- oder Nebenaugen der Insekten, die aber in der Achtzahl auf der Stirn verteilt sind.

Nach allem könnte man schließen, daß die Spinne ein niedriger organisierter Gliederfüßer ist. Eine genauere Bekanntschaft mit ihrem Leben und Treiben überzeugt uns aber, daß die Spinnen freilich nur einseitig an eine bestimmte Lebensweise, aber darum nicht weniger vollkommen angepaßt sind als etwa die Biene an ihre kunstvolle Tätigkeit.

Wir sehen uns zuerst ein vollendetes Radgewebe der Kreuzspinne in unserem Garten an, das, wie wir wissen, mit seinen strahlen- und kreisförmigen Fäden dazu dient, die dagegen anfliegenden Insekten einzufangen. Es gelingt aber auch unschwer, die Spinne bei der Anfertigung des Netzes zu beobachten. Den dazu nötigen Faden spinnt sie aus sechs Wärzchen hervor, die sich am Ende ihres Hinterleibes befinden (Spinnwarzen). Diese tragen mehrere Hundert hohle Härchen (Spinnröhren), aus denen nach dem Belieben des Tiers ebenso viele Tröpfchen einer klebrigen, aber schnell erhärtenden Flüssigkeit hervortreten, und nach ihrer Befestigung wie die Seide einer Schmetterlingsraupe ausgezogen und zum ganzen „Faden" der Spinne vereinigt werden. Zur Befestigung, zum Glätten, Teilen und Abreißen dieses Fadens dienen ihr die kammförmig gezähnelten Klauen ihrer Beine, die infolge ihrer Glätte ebenso leicht in das Gespinnst eingeschlagen wie aus demselben wieder herausgezogen werden können (Fig. 49 II). Daher klettert auch die Spinne sicher und schnell auf ihrem Gewebe herum, während die hineingeratenen Insekten in den verfilzten und mit Knötchen versehenen Fäden hängen bleiben.

Den einmal befestigten Faden kann die Spinne in jeder beliebigen Richtung ausspannen und wieder befestigen, sei es, daß sie ihn nach sich ziehend zu dem ausgewählten Punkt klettert, sei es, daß sie am

Faden hängend sich dahin schwingt oder vom Winde schwingen läßt. Auch zieht sie wohl einen zweiten langen Faden aus und läßt ihn mit einem freien Ende flattern, damit er sich an einem benachbarten Gegenstand verfange und ihr so eine Brücke herstelle. Gewisse, namentlich junge Spinnen, benutzen einen solchen flatternden Faden wie einen Luftballon, indem er vom Winde erfaßt sie durch die Luft fortführt. Dies erzeugt im Herbst nicht selten die bekannte Erscheinung der Herbstfäden oder des fliegenden Sommers; auch vermögen die „fliegenden" Spinnen sehr ausgedehnte Luftreisen auszuführen.

So vereinigt die flügellose Spinne mit der Lauf- und Kletterbewegung eine gewisse Flugfähigkeit; und wenn wir ihre Kunstfertigkeit in der Herstellung ihres Fangnetzes hinzunehmen, so bezeugen schon diese Leistungen die vorzügliche Einrichtung der dazu benutzten Werkzeuge, der Beine und Spinnorgane unserer Spinnen. Jene Kunstfertigkeit erschöpft sich aber nicht in der Herstellung von lauter gleichen radförmigen Geweben, wie sie die Kreuzspinne liefert; die Hausspinne spinnt ein trichterförmiges Gewebe, andere Spinnen fertigen filzige Röhren usw. Die Minierspinne gräbt sich eine Höhle in der Erde, die sie mit einem verschließbaren Deckel, ähnlich einer in Angeln sich bewegenden Tür, versieht. Die frei umherstreifenden Wolfsspinnen u. ä. verzichten dagegen vollkommen auf Gewebe und Wohnungen. Alle Spinnen benutzen aber die Spinnfähigkeit, um ihre Eier in Cocons einzuhüllen, die sie entweder an einem sicheren Ort aufhängen (Fig. 49 I) und bisweilen noch dazu bewachen oder mit sich herumtragen.

Am wunderbarsten ist aber die Anpassung der Wasserspinne an das Leben im Wasser. Um sich in demselben längere Zeit aufhalten zu können, nimmt sie eine Luftschicht mit hinab, die ihren Hinterleib wie eine silberglänzende Blase umschließt und teils an dessen Härchen haftet, teils durch eine Art Firnis zusammengehalten wird. An der Oberfläche des Wassers spinnt sie auch ein ballonartiges Gehäuse mit einer unteren Öffnung, das sie mit Luft gefüllt unters Wasser zieht und dort als Nest benutzt. Im übrigen spinnt sie unter Wasser ebenso geschickt wie die übrigen Spinnen außerhalb desselben.

Außer den eigentlichen Spinnen gehören zu der Abteilung der Spinnentiere noch eine Anzahl ähnlicher Tiere, z. B. der langbeinige Weberknecht, die Hundszecke oder der Holzbock, der sich in die Haut verschiedener Wirbeltiere, gelegentlich auch des Menschen einbohrt, um Blut zu saugen; ferner die Skorpione mit scherenförmigen Kiefern und einem Giftstachel am verschmälerten Ende des deutlich gegliederten Hinterleibs. Die meisten Skorpione sind aber Bewohner wärmerer Gegenden und in Europa nur durch eine kleine Art vertreten. Dagegen begegnet uns nicht selten in alten Büchern, in Herbarien und Insektenkästen der kleine, aber außerordentlich behende Bücherskorpion, äußerlich allerdings skorpionähnlich, nach dem innern Bau jedoch von den eigentlichen Skorpionen ziemlich verschieden.

Wenn nun manche Milben (ebenfalls Spinnentiere), Staubläuse und andere ähnliche Insekten an jenen Orten unzweifelhaft manchen Schaden anrichten, so ist doch unser Bücherskorpion keineswegs ein Mitschuldiger, sondern im Gegenteil als Feind und Verfolger der ersteren ein nützliches Geschöpf.

Tausendfüßer.

Insekten und Spinnentiere begegnen uns im allgemeinen im Lichte des Tages und nur verhältnismäßig wenige finden wir in verborgenen Schlupfwinkeln, indem wir z. B. flache Steine am Wegrande umwälzen. Da treffen wir auf die uns schon bekannten Laufkäfer, Ameisen, Spinnen und noch manche andere lichtscheue Gesellen. Alle ergreifen natürlich infolge der Störung die Flucht; keines zeigt sich aber dabei eiliger und ängstlicher, als jene langgestreckten, vielgegliederten und mit zahlreichen kurzen Fußpaaren versehenen Geschöpfe, denen der Volksmund den Namen „Tausendfuß" verlieh.

Sie sind ebenfalls durch Tracheen atmende Gliederfüßer, aber von Spinnen und Insekten auffällig verschieden. Man kann an ihnen zwar einen Kopf deutlich wahrnehmen, aber Brust und Hinterleib sind nicht gesondert; die zahlreichen Körperglieder, die auf den Kopf folgen, sind alle gleichmäßig ausgebildet und tragen sämtlich ein bis zwei Paar

Beine (Fig. 50). Die platten Bandasseln mit einfachem Fußpaar an jedem Gliede und drei Kieferpaaren führen eine räuberische Lebensweise, wobei sie

Fig. 50.

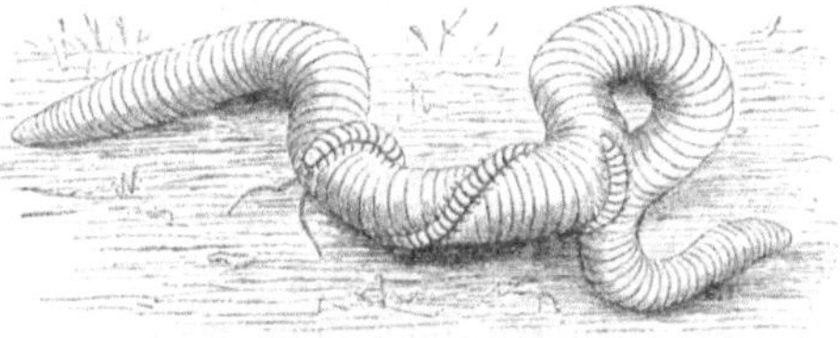

Eine Bandassel, einen Regenwurm angreifend.

ihre Beute mit dem vordersten zangenförmigen und mit Gift versehenen Fußpaar töten. Die drehrunden doppelbeinigen Tausendfüßer sind dagegen Pflanzenfresser und ihrer Nahrung entspricht der Mut. Sie ergreifen wie manche Insekten, wenn sie in Gefahr sind, das Mittel, sich tot zu stellen, indem sie sich wie eine Spiralfeder einrollen.

Krebse.

Wir lernten bisher verschiedene Gliederfüßer: Insekten, Spinnentiere und Tausendfüßer als Lufttiere kennen. Denn wenn auch viele Insektenlarven, manche Schnabelkerfe (Wasserwanzen), Käfer, Spinnen u. a. sich dem Wasserleben vollkommen angepaßt haben, so behielten sie doch in der Regel das Kennzeichen des Lufttiers, die Luftatmung durch Tracheen, bei. Andererseits ist dieses Wasserleben auf die Binnengewässer beschränkt und vom Meere ausgeschlossen. Das vollkommene Wasserleben insbesondere im Meer ist dagegen einer besonderen Abteilung der Gliederfüßer vorbehalten, den Krebsen, die daher, ebenso wie die Fische unter den Wirbeltieren, Kiemenatmer sind.

Die Krebse freilich, die wir in unsern Häusern oder deren nächster Umgebung antreffen, machen davon eine Ausnahme und werden auch von den meisten Menschen am wenigsten für Krebstiere gehalten. Bei unserer Jagd nach versteckt lebenden Insekten und Tausendfüßern, unter Steinen, Moos und dergl., stoßen wir unfehlbar auch auf die breitgewölbten Keller- und Mauerasseln, die aber trotz der Ähnlichkeit im Namen, Aussehen und der Lebensweise mit gewissen Bandasseln (Tausendfüßer), mit diesen nichts zu tun haben und in der Tat ans Land gestiegene und dort vollkommen eingebürgerte Krebse sind. Eben wegen dieser Ausnahmestellung müssen wir aber davon absehen, unsere Untersuchung der Krebse an jene „Hauskrebse“ anzuknüpfen und halten uns vielmehr zuerst an das Tier, das wenigstens jeder Binnenländer allein unter dem Namen „Krebs“ versteht, nämlich an den gemeinen Flußkrebs.

Nach allem, was wir uns von Gliederfüßern bereits merkten, erklären wir auch unsern Flußkrebs unbedenklich für einen solchen. Sein zum Teil deutlich geringelter Hautpanzer, seine gegliederten Beine und Kiefer lassen dies gar nicht verkennen. Durch den Vergleich der Insekten, Spinnen und Tausendfüßer gewitzigt, richten wir aber unsere Aufmerksamkeit sogleich auf die Besonderheiten dieser Merkmale und finden dabei alsbald die Kennzeichen der Krebse.

Der Flußkrebs hat, es läßt sich nicht leugnen, einige Ähnlichkeit mit gewissen Spinnentieren, etwa den Skorpionen. Sein Körper besteht ebenfalls aus einem von Beinen getragenen Kopfbruststück und einem verjüngten, geringelten Hinterleib, der allgemein als „Schwanz" bezeichnet wird (Fig. 51).

Fig. 51.

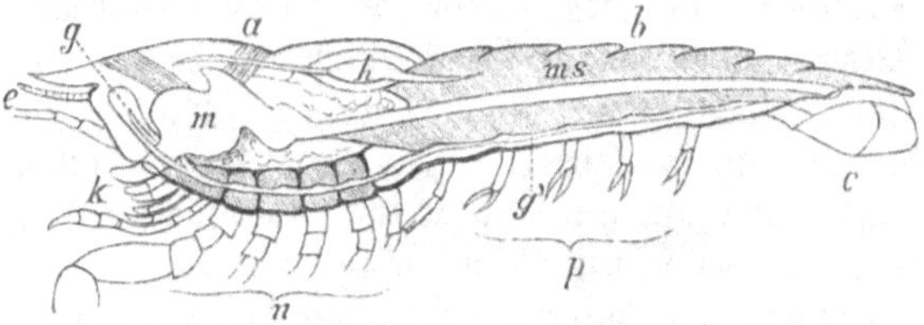

Flußkrebs im Längsdurchschnitt, a Kopfbruststück, b Hinterleib, c Schwanzflosse, e Fühler, k Kiefer und Kieferfüße, n Gangbeine. p Hinterleibsanhänge, ms Muskeln, h Herz, g Gehirn, g' Bauchmark, m Kaumagen.

Abgesehen von der Fünfzahl der Beinpaare fallen uns aber am Vorderkopf die zwei großen gestielten Augen und die vier Fühler (zwei große und zwei kleinere) auf, die den Spinnentieren vollkommen fehlen und bei den Tausendfüßern und Insekten nur in einem Paar vorkommen. Kehren wir endlich unseren zappelnden Freund um und betrachten ihn von der Bauchseite, so zeigt sich dort ein wahres

Gewimmel von Körperanhängen vor und hinter dem beintragenden Abschnitt, die in ihrer Verschiedenheit ein ganz neues Bild eines Gliederfüßers bieten. Wir müssen uns daher über diese uns noch fremden Bildungen näher verständigen, ehe wir uns das Leben des Flußkrebses vergegenwärtigen.

Schon bei der Rückenansicht bemerkten wir, daß das Kopfbruststück oben und seitlich bis an die Beine von einem zusammenhängenden Panzer umschlossen ist. Aber nur sein Rückenteil gehört der wirklichen Leibeswand an, seine Seitenteile dagegen ziehen sich deckelförmig über die seitliche Körperwand hinab und verbergen auf diese Weise die darunterliegenden Kiemen gerade so wie die Kiemendeckel der Fische. Unter ihrem freien Rand tritt das Wasser zur Atmung an die Kiemen. Jetzt begreifen wir auch, warum wir am gekochten Krebs den Rückenpanzer so leicht von seinen Beinen abheben können.

Unter und hinter der Wurzel der zweiästigen Fühler liegt die Mundöffnung, von nicht weniger als sechs Paaren von kieferartigen, mit Tastern versehenen Organen umstellt. Die drei ersten Paare lassen sich nach Bau und Leistung mit den Kiefern der Heuschrecken, Käfer u. a. vergleichen. Die drei folgenden strecken und gliedern sich aber immer vollständiger, so daß das letzte schon ganz beinartig erscheint (Fig. 51). Man nennt sie daher Kieferfüße. Daran schließen sich die eigentlichen Gangbeine an, die zwei bis drei vordersten Paare in Scheren, die andern in einfache Klauen auslaufend.

Als so eigenartige Werkzeuge die Scheren zuerst aussehen, erkennen wir doch alsbald, daß es nur wenig veränderte Klauenbeine sind: der bewegliche Scherenarm ist das Klauenglied, der feste Arm nur eine lang ausgewachsene Spitze des vorletzten Beingliedes. Das erste Scherenbein ist besonders stark entwickelt.

Die einzelnen Abschnitte des Hinterleibs tragen ebenfalls beinartige, zweiästige und mit Borsten besetzte Anhänge; das dem vorletzten Abschnitt angehörige Paar ist flossenförmig verbreitert und bildet mit dem anhangslosen letzten Abschnitt die „Schwanzflosse“.

Und nun schauen wir uns den lebenden Flußkrebs, nachdem wir ihn in ein Glasgefäß gesetzt haben, allseitig an.*) Träge steht er auf seinen gekrümmten Beinen, das Ende des Hinterleibs mit der Schwanzflosse nach unten gekrümmt; langsam tastet er mit den langen Fühlern herum wie ein Bockkäfer, und die einzige lebhafte Bewegung zeigt sich an den Kieferfüßen, die beständig fächelnd einen Wasserstrom gegen die dahinter liegende Kiemengegend erzeugen. Wir lernen daraus ihre Bedeutung kennen: sie erneuern dadurch das Atemwasser gerade so wie der Fisch durch sein beständiges Wasserschlucken. Bringt man dem Krebs einen fremden Gegenstand vor

*) Einen noch vollkommeneren Anblick gewährt ein großer Krebs, z. B. ein Hummer in einem Aquarium, was nicht bloß in zoologischen Gärten, sondern häufig auch in den Schaufenstern von Fischhändlern usw. zu sehen ist.

die Augen, so geht er langsam zurück und erst, wenn man ihn faßt, erfolgt ein kräftiger Rückstoß, indem er seinen ganzen Hinterleib schnell nach unten und vorn umschlägt. Mit solchen Schlägen schwimmt er viel rascher rückwärts, als er sich auf seinen Beinen vorwärts bewegt. Wir schließen daraus, daß die Hauptmasse seiner Muskulatur im Hinterleibe steckt, und erinnern uns auch sofort, daß das wohlschmeckende Fleisch des Flußkrebses wesentlich in jenem sogenannten Schwanz anzutreffen ist. In der Tat verhält sich also dieser im Innern nicht so wie der Hinterleib des Insekts, sondern so wie dessen Brust, in der die Fortsetzung des Herzens, der Darm und das Bauchmark in die überwiegende Muskelmasse eingebacken erscheinen (Fig. 33. 51). Freilich benötigen auch die Beine, Kieferfüße und Kiefer eine Rumpfmuskulatur wie bei den Insekten, aber diese füllt lange nicht das ganze Kopfbruststück, sondern nur innere Kästchen an seiner Bauchseite aus.

Da sehen wir denn ganz merkwürdige Verschiedenheiten zwischen dem Flußkrebs und etwa dem Maikäfer: hier die Kiefer auf den wohlgesonderten Kopf, die Beine (und Flügel) auf die muskulöse Brust beschränkt, der Hinterleib wesentlich von Eingeweiden erfüllt — dort Kiefer, Kieferfüße und Beine am ungesonderten Kopfbruststück befestigt, das zugleich die Hauptmasse der Eingeweide beherbergt, und gerade den schmächtigen Hinterleib zum kräftigsten Bewegungsorgan ausgebildet. Was sollen nun aber dessen beinartige Anhänge bedeuten? Nun, unter einer Anzahl von Flußkrebsen, die im Sommer gefangen werden, findest du gewiß einige Weibchen, die ihre Eier an jene Anhänge angeheftet haben und sie so lange herumtragen und schützen, bis die kleinen Krebschen ausgeschlüpft sind. Also außer den Kiefern und Beinen, die Krebs und Käfer gemeinsam haben, besitzt ersterer noch die Kieferfüße als Hilfsorgane der Atmung und die Hinterleibsanhänge zur Brutpflege.

Alle diese Körperanhänge des Krebses sind aber nun nicht etwa unter sich so verschieden, wie die mit einander nicht vergleichbaren Flügel und Beine des Käfers, sondern aus Umbildungen derselben Art von Organen hervorgegangen wie z. B. die verschiedenen Mundwerkzeuge der Insekten. Dies beweist die Entwickelungsgeschichte der Krebse. Denn an den noch ganz jungen Geschöpfen sind die genannten Teile alle gleich und beinartig; und ihnen schließen sich dann sogar noch die Fühler an. Es gibt selbst Krebse, deren Fühler zeitlebens beinartig bleiben und als vorzügliche Schwimmfüße wirken, wie z. B. an den kleinen, in Doppelschalen gleich einer Muschel eingeschlossenen Krebschen, die unsere stehenden Gewässer so dicht bevölkern und wegen ihrer hüpfenden Bewegung Wasserflöhe heißen (Fig. 52).

Der Krebs besitzt also anfangs an allen Körperabschnitten Beine wie der Tausendfuß, sie entwickeln sich aber nicht gleichartig wie bei dem letzteren, sondern ungleichartig. Und indem wir ferner erfahren, daß auch die Kiefer und Fühler des Krebses umgebildete Beine sind, schließen wir mit Recht auf eine gleiche Bedeutung der Fühler und Kiefer aller Gliederfüßer und wundern uns dann nicht mehr, daß die Kiefer der Spinne beinförmig werden, beim Skorpion sogar Scheren tragen (S. 171) und daß die vordersten Beine der Bandasseln wieder wie die Klauenkiefer der Spinne aussehen (S. 173).

Fig. 52.

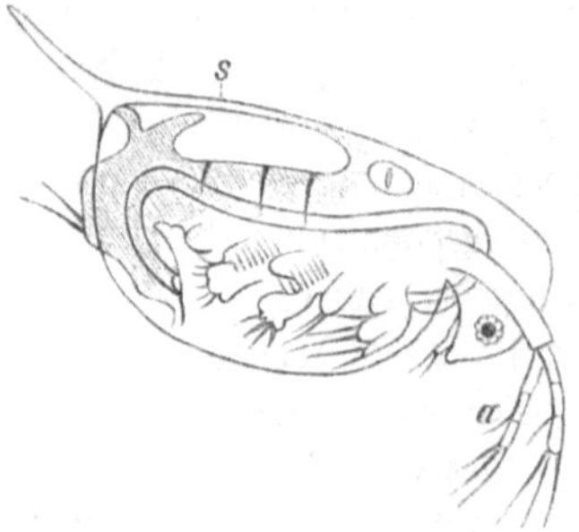

Ein Wasserfloh stark vergrößert, a Ruderfühler, s Schale.

Einen Hauptunterschied der Krebse von anderen Gliederfüßern bildet die Kiemenatmung der ersteren. Die aus dem ersten Gliede jedes Beines hervorwachsenden gefiederten Kiemen unseres Flußkrebses nehmen den Sauerstoff der im Wasser verteilten Luft auf, können ihn aber nicht wie die Tracheen der in der Luft lebenden Gliederfüßer jedem Körperteil unmittelbar zuführen. Dazu bedarf es ebenso wie bei den Wirbeltieren der Vermittelung des Blutes und der

Blutgefäße. Wie bei den Insekten und Spinnen liegt das Herz der Krebse am Rücken (Fig. 51) und empfängt das Blut durch Spalten; es entsendet es aber durch vielverzweigte Arterien in den ganzen Körper, worauf dasselbe in venöse Gefäße gesammelt zu den Kiemen und durch (arterielle) Kiemenvenen in einen das Herz umschließenden Beutel (Herzbeutel) gelangt, um den Kreislauf von neuem zu beginnen.

So wird uns aus der Beschränkung der Atemorgane des Krebses auf wenige Körperstellen verständlich, daß er ein ziemlich ausgedehntes Blutgefäßsystem besitzen muß, während die Insekten ein solches entbehren, weil ihre Atemorgane sich bereits durch den ganzen Körper verbreiten. Auch der Skorpion, dem eine solche Verbreitung der Atemorgane fehlt, indem er ausschließlich durch vier Paare sackförmiger Lungen atmet, besitzt ein recht vollkommenes Blutgefäßsystem.

Der Darmkanal des Krebses erweitert sich hinter und über dem Munde zu einer weiten Höhle mit stumpfhöckrigen Kauplatten (Schlundkiefer), welche von besonderen Muskeln bewegt werden. Diese auch bei Gradflüglern und Käfern wiederkehrende Bildung entspricht also der bezahnten Mund- und Schlundhöhle der Wirbeltiere und wird nur mit Unrecht „Kaumagen" genannt, sowie die „Kiefer" der Gliederfüßer sich mit den Kiefern der Wirbeltiere nicht vergleichen lassen.

Das Nervensystem und die Augen des Flußkrebses stimmen mit denen der Insekten überein; dagegen hat er besondere Sinnesorgane in den Wurzelgliedern der kleinen inneren Fühler.

Ein solches Organ besteht aus einem nach außen geöffneten, mit Wasser und Sandkörnchen gefüllten Säckchen, dessen Wand eine mit feinen Borsten dicht besetzte Leiste trägt. Bei anderen Krebsen und anderen niederen Tieren sind die Säckchen meist geschlossen und enthalten statt der Sandkörnchen selbstgebildete Kalkkörner. Früher für Gehörorgane gehalten, haben sich diese Bläschen schließlich als Organe zur Erhaltung des Gleichgewichts herausgestellt, indem der bei abnormer Körperlage von den Körnern auf die Borsten ausgeübte Druck durch Vermittelung der Nerven im Hirn diejenigen Muskelreize auslöst, die zur Herstellung der normalen Körperlage führen.*)

Diese statischen Apparate unseres Krebses liegen in den Fühlern, also in Gliedmaßen; es ist daher nicht wunderbar, daß dieselben Organe bei anderen Krebsen sich bis in das hinterste Gliedmaßenpaar verirren, d. h. in der Schwanzflosse liegen. Als Seitenstück dazu besitzt eine Gattung wiederum Augen an den Wurzeln der Brust- und Hinterleibsbeine.

---

*) Es ist merkwürdig, daß das „innere Ohr" der Wirbeltiere einen ganz ähnlichen Apparat enthält, der zwar das eigentliche Gehörorgan, die „Schnecke", erst aus sich hervorwachsen läßt. Fische und niedere Amphibien besitzen nur ein solches, genau genommen aus zwei Organen zusammengesetztes inneres Ohr; von den höheren Amphibien an kommen weitere akustische Apparate hinzu, das „mittlere Ohr" (Paukenhöhle mit Gehörknöchelchen und Trommelfell) und zuletzt bei den Säugern das „äußere Ohr".

Aus dem Leben des Flußkrebses heben wir noch den jährlich erfolgenden Schalenwechsel hervor. Es ist ein schwieriger und schmerzensreicher Vorgang, wobei das Tier sich mit allen Fühlern, Kiefern und Beinen aus dem sich ablösenden und nur an einigen Stellen sich spaltenden Panzer herauszieht. Bis die neuen Körperbedeckungen ausgeschieden und fest geworden sind, ist der Krebs zum Fasten genötigt und als Butterkrebs sehr empfindlich. Er zieht sich deshalb in die tiefsten Schlupfwinkel zurück. Die in der Regel in seitlichen Taschen des Kaumagens anzutreffenden Krebssteine sind Kalkmassen, die beim Schalenwechsel zum Wiederersatz der Hautdecken mit verwendet werden.

Gewisse Krebse durchlaufen während ihrer Entwicklung, anders wie der Flußkrebs, verschiedene Larvenstufen; doch gibt es bei ihnen keine vollkommene Verwandlung wie bei den meisten Insekten, sondern nur eine allmähliche Umbildung wie bei den Gradflüglern.

Der Flußkrebs ist der einzige im Binnenlande vorkommende Vertreter der am höchsten entwickelten Krebse oder der Zehnfüßer. Seine nächsten meerbewohnenden Verwandten, der Hummer und die Languste, sowie die kleinen Garnelen, teilen mit ihm das Schicksal, als gesuchte Leckerbissen von den Fischern eifrig verfolgt zu werden. Aus dem Namen dieser ganzen Sippe — Langschwänze, versteht sich ihr auffälligster Unterschied von den kurzschwänzigen

Zehnfüßern oder den Krabben, deren kurzer Hinterleib völlig unter das breite Kopfbruststück umgeschlagen ist, so daß eine Krabbe eine ganz abweichende äußere Gestalt zeigt.

So wenig Intelligenz die Langschwänze im allgemeinen verraten, zeichnen sich die Krabben durch Instinkte und überlegte Handlungen aus, die sich denen der Spinnen und Insekten ebenbürtig anreihen. Als Raubtiere bedienen sie sich verschiedener Kunstgriffe, um ihre Beute unbemerkt zu beschleichen. Manche von ihnen maskieren sich durch nicht auffällige andere Tiere, z. B. Schwämme u. ä., die sie mit ihren Hinterfüßen über ihren Rücken halten. Dies mag zu dem wunderbaren Instinkt anderer, mit hakenförmigen Fortsätzen besetzten Krabben geführt haben, die zahlreiche Zweige von baumförmigen Blumentieren (Polypen s. u.) mit den Scheren abkneipen und durch jene Häkchen ziehen, worauf dieser festhaftende Besatz immer weiter auswächst und als schützende Maske dient.

Ähnliche Erscheinungen treffen wir bei gewissen Mittelformen zwischen Lang- und Kurzschwänzen, nämlich den Einsiedlerkrebsen, die ihren weichen Hinterleib dadurch zu schützen wissen, daß sie rückwärts in leere Schneckenschalen schlüpfen und, sich in diesen festhaltend, sie mit sich führen, wie die einstige rechtmäßige Besitzerin des Gehäuses, die Schnecke. Solche Krebswohnungen sind in der Regel dicht besetzt mit den Tieren, die wir als Seeanemonen noch kennen lernen werden, und die mit ihren wirksamen Waffen sich sehr wohl ihrer Feinde zu erwehren verstehen, wobei sie zugleich ihren Hausherrn verteidigen. Sie tun es freilich unbewußt, dieser aber duldet sie offenbar nur wegen ihrer ihm durch Erfahrung bekannten Dienste.

Von den niederen Krebsen wollen wir uns die unsere süßen Gewässer oft in großen Mengen bewohnenden Flohkrebse und Wasserasseln merken. Der etwa einen Zentimeter lange Flohkrebs ist gekrümmt und seitlich zusammengedrückt. Er kann mit seinem Hinterleibe starke Ruderschläge ausführen und im Wasser, kurze Zeit auch außerhalb des Wassers, Sprünge machen, die ihm seinen Namen eingetragen haben. Am Seestrande halten sich die ähnlichen „Sandhüpfer" noch viel länger auf dem Lande auf. Statt des zusammenhängenden vorderen Schildes besitzen alle Flohkrebse über dem Kopfbruststück die gleichen queren Panzerschienen wie am Hinterleibe. Ihre Augen sind ungestielt und liegen in der Körperoberfläche.

In Gesellschaft des gemeinen Flohkrebses findet sich meist auch die Wasserassel, durch den von oben her abgeplatteten Körper von jenem unterschieden, aber sonst von ähnlichem Bau. Wenn nun schon die Flohkrebse, wie wir sahen, einige Zeit außerhalb des Wassers zubringen können, so haben die Landasseln (Mauer-, Kellerassel) sich vollkommen an das Luftleben angepaßt, indem sie an den Hinterleibsanhängen statt der Kiemen luftatmende Höhlungen entwickeln.

Groß ist die Zahl der mikroskopisch kleinen Krebse,

wie die schon genannten Wasserflöhe (S. 179), welche die See und das Süßwasser bewohnen und trotz ihrer Kleinheit eine wichtige Rolle im Naturhaushalt spielen, indem sie die Hauptnahrung vieler andern Tiere, so mancher von uns selbst geschätzten Fische bilden.

Nachdem wir die Hauptformen der Gliederfüßer durchmustert haben, prägen wir uns noch einmal ihre allgemeinen und besonderen Unterscheidungsmerkmale ein. Durch ihren als Skelett fungierenden Hautpanzer und seine Gliederung, namentlich an den Beinen, sind die Gliederfüßer von allen andern Tieren genügend unterschieden. Vergleichen wir sie aber noch insbesondere mit den uns schon bekannten Wirbeltieren, so werden wir uns noch dessen erinnern, daß beide Stämme viele in ihrer Einrichtung und Wirkung ähnliche Organe besitzen, die aber dennoch nach Lage und Ursprung weit auseinandergehen.

Der Hautpanzer der Gliederfüßer ist nicht bloß ein Schutz- oder Stützorgan wie die Schale einer Schnecke oder das Kalkgerüst einer Koralle (s. u.), sondern ein Muskelskelett wie dasjenige der Wirbeltiere. Dort ist es aber ein von der Haut ausgehendes, äußeres, hier ein inneres Muskelskelett, das mit der Haut nichts zu tun hat. Deshalb stimmt auch die Quergliederung des Rumpf- und Gliedmaßenskeletts in beiden Stämmen nur darin überein, daß dadurch mannigfaltige Hebelwirkungen erzielt werden.

Das zentrale Nervensystem der Wirbeltiere ist, obgleich man daran Hirn und Rückenmark unterscheidet, eine einheitliche Bildung ohne eine bestimmte Grenze jener beiden Teile, während Hirn und Bauchmark der Gliederfüßer aus zwei durch den Mund getrennten Anlagen hervorgehen und nur durch besondere Verbindungen in Zusammenhang gebracht werden. Die Facettenaugen und die Wirbeltieraugen sind nur durch ihre Lage seitlich vom Hirn einander ähnlich, in Bau und Wirkung aber verschieden, sowie umgekehrt die statischen Organe in beiden Stämmen eine große Übereinstimmung der Entstehung und des Baues aufweisen, aber durch ihre Lage — bei den Wirbeltieren am Hirn, bei den Gliederfüßern an verschiedenen Gliedmaßen — jeden topographischen Vergleich unmöglich machen.

Dies wiederholt sich, wie vorhin erörtert wurde, für den Kieferapparat (S. 181), für die Atemorgane (Beinkiemen der Krebse — Schlundkiemen der Fische und Amphibien, Tracheen — Wirbeltierlungen), das Herz (Spaltherz — geschlossener Herzschlauch) usw.; kurz, wir können sagen, die Natur hat für beide Stämme sich ganz ähnlicher Mittel mit ähnlichen Erfolgen eines vervollkommneten Lebens bedient, aber diese Mittel an zwei architektonisch ganz verschiedenen Grundformen angewandt. Daher lassen sich Gliederfüßer und Wirbeltiere trotz der einzelnen Übereinstimmungen ihrer Organisation nach ihrem Grundbau kaum vergleichen und bilden zwei vollkommen getrennte Stämme. In jedem Stamm kann aber die Höhe der Organisation und ihre besondere Anpassung an verschiedene Lebensweisen merkliche Unterschiede hervorrufen, die die sogenannten Klassen begründen.

So trennen wir die Gliederfüßer nach der Einteilung des ganzen Körpers, nach der Zahl und Verteilung der Gliedmaßen und nach den Atemorganen in vier Klassen:

I. Kiemenatmende Wassertiere mit zwei Fühlerpaaren, Kiefern, Kieferfüßen, Gangbeinen und verkümmerten Hinterleibsbeinen — Krebse.

II. Durch Tracheen und sogenannte Lungen atmende Lufttiere,

1. ohne Fühler, mit zwei Kiefern und vier Beinpaaren am Vorderleibe (Kopfbruststück) und einem anhangslosen Hinterleib — Spinnentiere,

2. mit einem Fühlerpaar und drei Kieferpaaren, sowie einem gesonderten Kopf,

a. mit zahlreichen gleichartigen Beinen an gleichartigen Rumpfabschnitten — Tausendfüßer,

b. mit drei Beinpaaren und zwei Flügelpaaren an der Brust und einem Hinterleib ohne Gliedmaßen — Insekten.

Der Stamm der Weichtiere.

Wer ohne Sinn für die ihn umgebende Tierwelt nur von denjenigen Tieren Kenntnis nimmt, die er unmittelbar braucht, oder die ihn irgendwie belästigen, wird von den wirklich schädlichen und nützlichen Geschöpfen in der Regel nur ganz verkehrte Vorstellungen haben. Wenn er etwa beim Durchschreiten des Gartens eine Kröte gewahr wird,

Fig. 53.

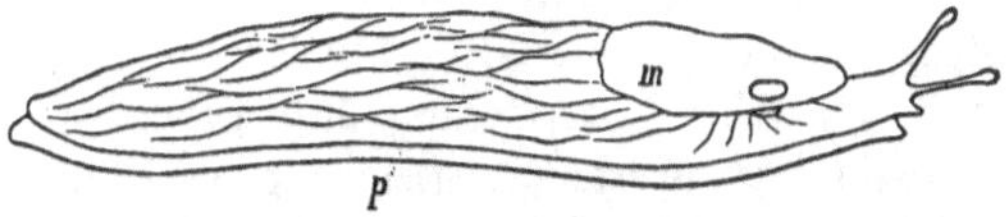

Wegschnecke, m Mantel mit dem Atemloch, p Fuß.

die sich eben schwerfällig zu dem nächsten Gemüsebeet begibt, wird sofort nach ihr geschlagen; denn das „giftige" Geschöpf könnte ja dem Gemüse schaden! Das graue „Würmchen" an dem letzteren aber, worauf gleichzeitig sein Blick fällt, wird nicht weiter beachtet; denn wie sollte solch ein unansehnliches Getier einen merklichen Schaden verursachen.

Wer aber in dem letzteren die kleine Ackerschnecke erkennt, muß jenen unklugen Mann bedauern, der durch eine eifrige Vertilgung der Kröten sich die schönste Gemüseernte selbst zerstört. Denn das besorgt die Ackerschnecke ganz sicher, wenn sie von den Verfolgungen ihrer zahlreichen Feinde, in erster Linie der gemeinen Kröte befreit, sich hundertfältig im

Laufe des Sommers vermehrt. Wir haben also alle Veranlassung, ihr unsere Aufmerksamkeit zuzuwenden; und unser Interesse steigert sich unzweifelhaft, sobald wir beim ersten Blick auf die Ackerschnecke uns überzeugen, daß sie zu keinem der uns schon bekannt gewordenen Stämme der Wirbeltiere und Gliederfüßer gehört, sondern augenscheinlich einen ganz neuen Typus darstellt. Allerdings ist sie aber sehr unansehnlich und daher die Untersuchung ihrer größeren nächsten Verwandten vorzuziehen, z. B. der roten oder schwarzen Wegschnecke, gleichfalls eines nackten, gehäuselosen Tiers (Nacktschnecke), aber grade deshalb zur ersten Orientierung über Schnecken und über Weichtiere überhaupt geeigneter als eine von den nicht minder häufigen Gehäuseschnecken unserer nächsten Umgebung.

Betrachten wir zuerst die rote Wegschnecke, so wie sie uns auf dem Waldpfade begegnet (Fig. 53). Ihr walziger, weicher und ungegliederter Körper mit gefurchter, schleimiger Oberfläche gleitet ohne ein sichtbares besonderes Bewegungsorgan auf der breiten sohligen Bauchseite, der Fuß oder die Sohle genannt, dahin; am Vorderende streckt sie zwei größere und zwei kleinere Fühler hervor, und dahinter, etwas nach rechts geneigt, zeigt sich eine ovale schildförmige Erhöhung mit einem Loch am rechten Rande. Dieses Loch (Atemloch) führt in die unter dem Schilde oder dem Mantel gelegene Atemhöhle, deren von Blutgefäßen durchzogene Decke durchaus einer Lunge zu vergleichen ist. Daher heißen alle so gebauten Schnecken Lungenschnecken. Die wasserbewohnenden Kiemenschnecken besitzen in der gleichen Atemhöhle kammförmige oder gefiederte Kiemen. Der hinter dem Mantel und über der Sohle liegende Körperteil ist der Eingeweidesack; vor dem Mantel aber ist der Kopf an den Fühlern und dem darunter liegenden Mund kenntlich.

Fig. 54.

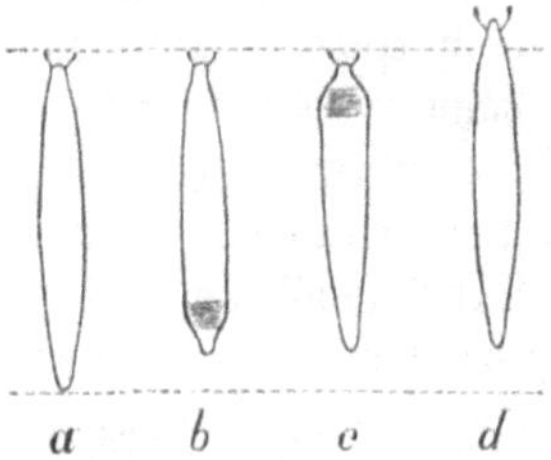

Schematische Darstellung der Schneckenbewegung, a die gestreckte Sohle, b Zusammenziehung und Verkürzung des Hinterendes, c Verschiebung der letzteren ans Vorderende, d dessen Verlängerung nach vorn.

Setzen wir nun unsere Wegschnecke in ein Glasgefäß und betrachten ihre Sohle, während sie an der Glaswand hinaufkriecht. Reichlicher, zäher und klebriger Schleim bezeichnet ihre Spur; es ist klar, daß sie nur mit Hilfe dieses Klebstoffes an der senkrechten Wand haften kann. Wie bewegt sie sich aber vorwärts? Ihre Kriechsohle wird freilich „Fuß" genannt; er wird aber weder aufgesetzt und gehoben wie der Fuß eines Insekts oder Wirbeltiers, noch zeigt er überhaupt eine Gestaltsveränderung, sondern langsam, aber stetig gleitet er vorwärts, wie von einer unsichtbaren Gewalt geschoben, und trägt dabei den ganzen übrigen Schneckenkörper. Dagegen bemerken wir an der dahingleitenden Sohle, daß von ihrem hintern Ende her ein querer dunkler Streifen nach dem andern sich nach vorn bewegt; und da wir durch die Zergliederung einer solchen Schnecke erfahren, daß ihre Sohle ein starkes Muskelpolster enthält, so dürfen wir jenen wellenförmig fortschreitenden Schatten auf Zusammenziehungen dieses Muskelpolsters beziehen, die jeweilig nur in einem kurzen Abschnitt desselben auftreten und dann in der angegebenen Weise fortschreiten. Jede am Hinterende beginnende Zusammenziehung verkürzt natürlich das letztere und verschiebt alsdann diese Verkürzung bis nach vorn, wo der zusammengezogene Abschnitt der Sohle wieder erschlafft und sich verlängert. Diese Verlängerung wird aber am freien Vorderende als eine Vorschiebung desselben zum Ausdruck kommen (Fig. 54).

Daß diese Art der Bewegung keine sehr ausgiebige ist, deutet schon der bekannte Sinn des Wortes „Schneckengang" an. Immerhin bleibt sie eine bewunderungswürdige Einrichtung für ein Tier, dem jede Gliederung, Skelett und Gliedmaßen fehlen. Andererseits bietet aber diese Gleitbewegung der Schnecke, indem sie die eben genannten Mängel voraussetzt, ein bezeichnendes Unterscheidungsmerkmal gegen die zwei vorhin untersuchten Stämme, die Gliederfüßer und die Wirbeltiere. Doch besitzen wir noch andere wesentliche Merkmale dieser Art, darunter die schon erwähnte Atemhöhle. Und im Zusammenhang mit dieser steht eine Bildung, ohne die wir uns die Schnecken überhaupt eigentlich gar nicht vorstellen — die Schale oder das Gehäuse.

Schon die Acker- und die Wegschnecke besitzen im Mantel über der Lunge eine zarte schildförmige

Fig. 55.

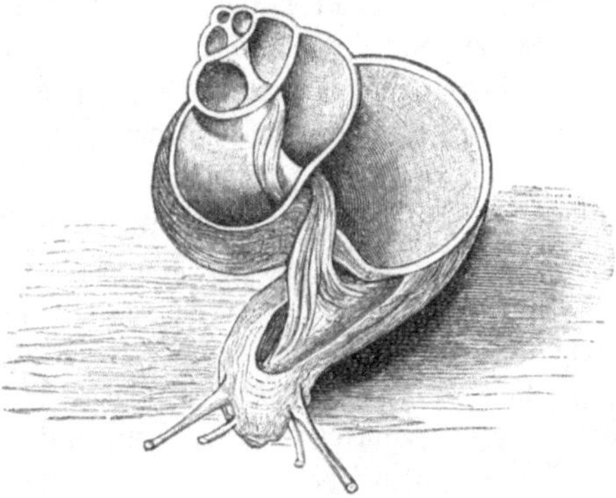

Eine Weinbergschnecke mit von vorn geöffneter Schale und nach Entfernung des Eingeweidesacks: aus dem Muskelpolster der bloßgelegten Sohle entspringt der Spindelmuskel und windet sich um die Schalenspindel in die Höhe.

Schale. Bei den eigentlichen Gehäuseschnecken liegt aber die Schale außen auf dem Körper und bedeckt Mantel und Eingeweidesack, der sich tief in sie hineinzieht, so daß vom ganzen Tier nur der Kopf und der Fuß aus der Schale hervortreten können (Fig. 58 I). Schauen wir uns ein solches Tier, z. B. die überall gemeine große Weinbergschnecke, näher an, so finden wir ferner, daß die Schale von ihrer Mündung aufwärts wie eine Wendeltreppe gewunden ist, und daß dabei der Durchmesser der Windungen bis zur Spitze abnimmt (Fig. 55). Diese Schalenform ist so eigentümlich und wiederum so bekannt, daß sie zu dem so häufig gebrauchten Eigenschaftswort „schneckenförmig" Veranlassung gab.

Dieses Gehäuse dient der Schnecke zum Schutz, ist aber nicht ein von ihr äußerlich angebautes Haus, wie die Wohnung irgend eines Insekts, sondern ein mit ihrem Körper organisch zusammenhängender Teil. Denn während es als eine Art von Ausschwitzung der jungen Schnecke entsteht, befestigt sich ein Muskel, der mit vielen ausstrahlenden Bündeln im Sohlenpolster wurzelt, den Windungen der Schale folgend in ihrem Innern. Infolge dessen muß eine Verkürzung dieses Muskels (Spindelmuskel) die Außenteile des Schneckenkörpers, Fuß und Kopf, in die Schale hineinziehen.

Viele Schnecken, so die bei uns nicht seltene, dunkelbraun gestreifte Sumpfschnecke, besitzen überdies am Hinterende des Fußes einen festen Deckel, der beim Einziehen des Tiers ganz zuletzt in die Schalenmündung gelangt und sie gegen zudringliche Besucher oder andere Fährlichkeiten vollkommen verschließt (Fig. 58 I). Die Weinbergschnecke besitzt einen solchen dauernden Deckel nicht, verschließt aber im Herbst, wenn sie sich zum Winterschlaf anschickt, ihr Haus mit einer kalkigen Platte. Nach innen davon befindet sich alsdann noch eine zweite häutige Scheidewand. In diesem Zustande wird die Weinbergschnecke an vielen Orten gesammelt und als beliebte Speise gegessen.

Die Weinbergschnecke ist ein Beispiel einer landbewohnenden Lungenschnecke, die Sumpfschnecke eine wasserbewohnende Kiemenschnecke. Es gibt aber auch Wasser-Lungenschnecken, d. h. Schnecken, die sich im Wasser aufhalten, aber von Zeit zu Zeit an die Oberfläche steigen, um Luft zu schöpfen. Wir können das an der Teichschnecke und der Teller- oder Posthornschnecke beobachten. Beim Aufsteigen lassen sie die verbrauchte Luft noch unterhalb der Wasserlinie in Form eines Bläschens entweichen und ersetzen sie durch neue, indem sie ihr Atemloch am Wasserspiegel weit öffnen.

Trotzdem die das Land und das Süßwasser bewohnenden Schnecken über alle Weltteile in außerordentlich großer Artenzahl verbreitet sind, gehört doch eine weit größere Zahl dem Meere an. Daneben wechselt auch die Ernährungsweise der bald räuberischen, bald pflanzenfressenden Schnecken, obgleich ihre Freßwerkzeuge wesentlich gleich gebaut sind. Sie befinden sich innerhalb der weiten Mundhöhle und bestehen aus oberen und seitlichen hornigen Kiefern und einer vom Boden der Mundhöhle sich erhebenden sogenannten Reibzunge, nämlich einem gleich unserer eigenen Zunge fleischigen, vorstreckbaren Organ, welches von einer großen Zahl horniger Häkchen und Leisten überdeckt ist (Fig. 58 I). Aus dem Munde vorgestoßen, kann diese Zunge sowohl Pflanzenteile abschaben, wie mit Zuhilfenahme der Kiefer auch tierische Nahrung zerreißen, zerreiben.

Das Empfindungsleben der Schnecken ist offenbar nicht hoch entwickelt, obwohl sie ein entfernt ähnliches Nervensystem wie die Gliederfüßer, den Fühlern ansitzende Augen*), auch statische Organe besitzen und Geschmacksempfindungen äußern.

Eine zweite Art von Weichtieren stellen uns die Muscheln dar. Die Seestrandbewohner kennen eine große Anzahl verschiedener Muscheln, zumal nicht wenige Arten als beliebte Speisen gesammelt werden. Die süßen Gewässer bergen zwar keine große Artenmenge, es dürfte aber nicht leicht eine Gegend Mitteleuropas sich finden, wo nicht ein Teich, ein Fluß oder Bach lebende größere Muscheln für unsere Zwecke böte. An den Ufern solcher Gewässer finden wir zunächst nicht selten die vom Wasser ans Land gespülten Schalen abgestorbener Teich- oder Flußmuscheln. Die zwei länglich schüsselförmigen, symmetrischen Klappen sind außen grünbraun gezeichnet, innen perlmutterglänzend; an dem kürzeren Längsrande (Rückenseite des Tieres) miteinander verbunden, klaffen sie mit den übrigen Rändern, weil das elastische Band, das sie an der Außenseite jenes Randes zusammenhält, sie beständig auseinanderzieht, solange nicht eine andere Kraft entgegenwirkt. Diese Verbindung beider

*) Sehr bezeichnend nennt dies Goethe „tastendes Gesicht".

Klappen der Flußmuschel wird noch durch einige ineinandergreifende zahn- und leistenförmige Fortsätze ihrer Ränder gesichert, die das Schloß bilden (Fig. 56).

Wenn es uns nun gelingt, eine lebende Flußmuschel aus dem Wasser heraufzuholen, klaffen ihre Schalen nicht, sondern sind mit ihrem ganzen Rande

Fig. 56.

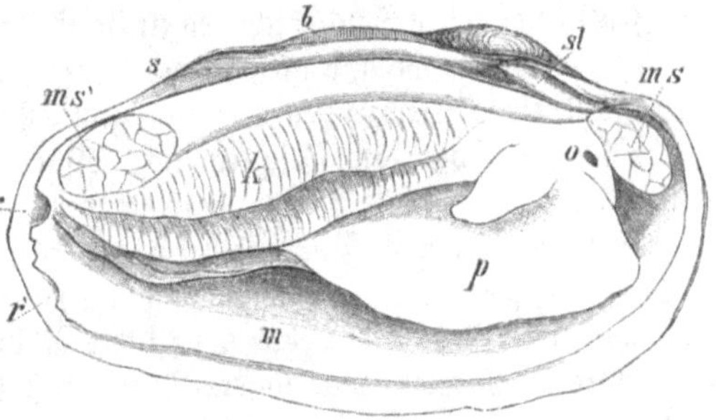

Flußmuschel nach Entfernung der rechten Mantel- und Schalenhälfte: s Schale mit dem Band (b) und dem Schloß (sl), ms vorderer, ms' hinterer Schließmuskel, m Mantel, r Auswurfsröhre und r' Atemröhre, beide halbiert, p Fuß, k Kiemen, o Mund.

so fest aneinander gepreßt, daß das mit dem weichen Körper zugleich eingeschlossene Wasser nicht abläuft. Dies geschieht durch zwei starke Muskeln, die das Tier an beiden Enden quer durchsetzen und an jeder Klappe befestigt sind. Von der Kraft dieser Schließmuskeln überzeugt uns die Anstrengung, die dazu gehört, eine frisch aus dem Wasser genommene Muschel zu öffnen, wie dies etwa beim Austernessen erprobt werden kann. Freiwillig öffnet aber die Muschel ihre Schale, indem sie die Muskeln außer Tätigkeit setzt, worauf das elastische Band die Klappen auseinanderzieht. Sie tut dies jedoch nur im Wasser, an der Luft bleibt sie dauernd geschlossen, um nicht zu vertrocknen, bis der Tod ihre Muskeln löst und die Schale dann im klaffenden Zustande liegen bleibt.

Legen wir nun unsere erbeutete Flußmuschel in eine Schüssel mit Wasser, deren Boden mit einer einige Zentimeter hohen Sandschicht bedeckt ist. Es kann sehr lange, eine Stunde und noch länger dauern, ehe die Muschel ein Lebenszeichen von sich gibt. Endlich tut sie uns doch den Gefallen und öffnet die Schalen ein wenig. Sie klaffen bald so weit, daß an dem einen Ende ein weißlicher keilförmiger Körperteil, der Fuß, zum Vorschein kommt und am Hinterrande zwei mit Fransen besetzte ganz kurze Röhren oder Schlitze. Richten wir unsere Aufmerksamkeit auf die letzteren, und streuen wir zur Erleichterung der Beobachtung ein leichtes, sich nicht lösendes Pulver oder einen feinkörnigen Pflanzensamen auf das Wasser, so zeigt sich, sobald die Muschel sich geöffnet hat, eine sehr lebhafte Bewegung im Wasser. Ein Wasserstrom tritt in den unteren Schlitz ein; es ist der Atemschlitz, die Atemröhre. Nach kurzer Zeit sehen wir die zufällig mit der Atemströmung eingetretenen, von uns ins Wasser gestreuten Körperchen mit dem entgegengesetzten Strome die obere, die Auswurfsröhre wieder verlassen.

Über die Ursachen dieser regelmäßigen Strömungen,

die für die Ernährung und Atmung der Muscheln von höchster Wichtigkeit sind, gibt das Mikroskop Aufschluß. Alle Flächen, die die Muschel, einfach aufgeklappt, darbietet, sind mit feinsten, unaufhörlich schwingenden Härchen bedeckt, und die vereinte Kraft dieser Hunderttausende von Flimmerhärchen setzt das Wasser in die geschilderte Bewegung.

Unterdessen hat der Fuß unserer Muschel auch nicht gefeiert. Nachdem er in gerader Richtung nach unten und vorn vorgestreckt war, bog ihn das Tier wie tastend nach dem Sande zu. Dann verlängerte er sich, wie eine Zunge, drang in den Sand ein, und nun versteht die Muschel ihn so zu steifen und sich vermittelst desselben im Sande zu stützen, daß sie sich daran aufrichtet und auf die Kante stellt. Sie gräbt sich mit Hilfe des Fußes noch weiter ein, und manche Muscheln lieben es, sich so tief zu versenken, daß nur die Atem- und die Auswurfsröhre frei ins Wasser ragen.

Diese ganze Tätigkeit unserer Muschel wird also wie bei der Schnecke durch ein von verschiedenen Muskeln bewegtes, an der Bauchseite des Tieres hervortretendes Organ, eben den Fuß, vermittelt. Die Verschiedenheit dieses Fußes an beiden Tieren ist aber noch größer als diejenige ihrer Schalen. Die Schnecke bewegt sich mit Hilfe ihres Fußes im Wasser und auf dem Lande frei herum; der Muschel dient er aber eigentlich nur dazu, sich im Boden festzusetzen. Allerdings können einige Seemuscheln sich durch den Stoß ihres Fußes fortschnellen, doch sind dies nur Ausnahmen, Folgen besonderer Anpassung. Eine viel größere Anzahl von Seemuscheln hat dagegen eine weit vollständigere Seßhaftigkeit erworben als unsere Flußmuschel. Die an den Küsten der Nord- und Ostsee als häufige Speise wohlbekannte Miesmuschel spinnt aus ihrem Fuß hornige Fäden hervor, mit denen sie sich dauernd an Steinen, Pfählen usw. befestigt; die Auster endlich wächst mit einer Schalenklappe an einer beliebigen Unterlage an und hat den Fuß völlig verloren. Diese Befestigungsarten wiederholen sich bei zahlreichen anderen Muscheln.

Im ganzen läßt sich also sagen, daß die Schnecke zu freiem Herumstreifen, die Muschel zu seßhafter Lebensweise eingerichtet ist. Naturgemäß stimmt damit auch die Ernährung überein. Wir lernten den wohlentwickelten, für pflanzliche und tierische Nahrung geeigneten Mundapparat der Schnecken kennen, der sie auch zu einer wirklich räuberischen Lebensweise befähigt. Als seßhaftes Tier muß die Muschel die Nahrung an sich heran kommen lassen, und wir sahen bereits, wie der durch die Flimmerhärchen erzeugte und in ihre Atemröhre eintretende Wasserstrom verschiedene kleine Körperchen mit sich führt, die, soweit sie genießbar sind, in den Mund des Tieres aufgenommen und einfach verschluckt werden. Bevor wir also den letzteren zu Gesicht bekommen, nehmen wir doch schon an, daß ihm besondere Kieferbildungen fehlen werden. Um uns davon zu überzeugen und über die ganze übrige Körperbildung der Muschel zu unterrichten, wollen wir sie öffnen.

Nachdem wir die beiden Schalen gewaltsam auseinander geklappt haben, finden wir den ganzen von ihnen umschlossenen Körper ebenso weich wie eine Schnecke. Längs des Schloßrandes ist er mit den Schalen verwachsen, und von dort aus geht rechts und links ein dünner Mantellappen an der Innenseite der Schalenklappe bis gegen ihren Rand hinab, wo er längs der „Mantellinie“ an sie angeheftet ist. Wir überzeugen uns endlich, daß beim Öffnen der Muschel die Atem- und die Auswurfsröhre ohne Verletzung in je zwei Hälften auseinandergehen, die sich als halbrinnenförmige Ausbuchtungen der beiden Mantelränder darstellen (Fig. 56). Indem sich diese aneinanderlegen, bilden die zusammengehörigen Hälften die beiden Röhren. Diese sind also bei der Fluß- und der Teichmuschel, sowie den schon erwähnten Miesmuscheln und Austern keine fertigen, dauernden Organe; bei der Mehrzahl der Muscheln jedoch, wozu auch alle hier noch zu nennenden gehören, sind die Mantelränder im Umkreise der Röhren und darüber hinaus völlig verwachsen, so daß das Tier nur noch durch einen für den Fuß bestimmten Schlitz und die beiden mehr oder weniger verlängerten Röhren mit der Außenwelt in Verbindung steht.

In der Tiefe zwischen den Mantelklappen tritt nach vorn, gegen den Mund hin, der beilförmige Fuß aus dem unansehnlichen Körper hervor, rückwärts liegen jederseits die blättrigen Kiemen, nach denen die Muscheln auch „Blätterkiemer“ genannt werden. Der vor dem Fuß liegende Mund ist so klein und so tief eingezogen, daß er nicht leicht zu finden ist. Ihm fehlt in der Tat jede Art von Mundwerkzeugen; und da in seiner nächsten Umgebung weder Fühler noch Augen anzutreffen sind, so kann von einem Kopf bei der Muschel nicht die Rede sein.

Schon aus diesen Hauptzügen der Organisation der Muscheln geht hervor, daß sie nicht fähig sind, eine sehr verschiedene Lebensweise zu führen. Sie können nicht wie die Schnecken ans Land steigen und sich der Luftatmung anpassen, denn dazu fehlen ihnen die nötigen Bewegungsorgane und die Werkzeuge, um die zur Nahrung etwa dienlichen Pflanzen und Tiere unmittelbar zu ergreifen. Sie sind eben für ihre Ernährung auf diejenigen kleinen Bissen angewiesen, die der Strom des Atemwassers ihnen zuführt und können füglich zwischen pflanzlicher und tierischer Kost nicht wählen. Die Muscheln sind daher durchweg kiemenatmende, mehr oder weniger seßhafte Wasserbewohner. Doch sind sie uns in praktischer Hinsicht vielfach wichtiger als die Schnecken.

In manchen Flüssen Deutschlands, besonders in Sachsen, Bayern, auch in den Vogesen, findet sich die wegen ihrer Erzeugnisse schon seit Jahrhunderten berühmte Flußperlmuschel, die der gewöhnlichen Flußmuschel sehr nahe verwandt ist. Auch können wir uns schon an der letzteren klar machen, was eine Perle ist und wie sie entsteht. Die innere oder Perlmutterschicht der Schale ist eine Ausscheidung des Mantels, von dessen Rande die anderen oberen Schichten der Schale geliefert werden. Jene Schicht zeigt nun nicht selten schon an unserer Flußmuschel unregelmäßige knollige Auswüchse, die dadurch entstehen, daß irgendwelche zufällige Unebenheiten der Schale von der immerfort ausgeschiedenen Perlmuttermasse überzogen werden. Gelangen nun Sandkörner oder andere Fremdkörper zwischen Mantel und Schale, so werden sie ebenfalls von einer Perlmutterschicht überzogen und bilden dann die mehr oder weniger kugeligen Perlen. In der Flußperlmuschel kommen solche aber sehr selten vor, häufiger dagegen in der Perlmuschel des indischen Ozeans, die daher gewerbsmäßig gefischt wird.

Die Anwohner der asiatischen Meere wissen auch schon längst, wie die Perlen entstehen, und benutzen diese Kenntnis, um sich beliebige Gegenstände mit einem Perlmutterüberzug zu verschaffen. Sie schieben mit Vorliebe flache Götzenbilder unter den Mantel einer lebenden Perlmuschel und versenken sie an leicht erreichbaren Stellen wieder ins Meer. Nach einiger Zeit hat die Muschel durch die stetige Kalkabsonderung ihres Mantels die ihm aufgezwungenen Fremdkörper mit einer dünnen Perlmutterschicht überzogen, deren außerordentliche Gleichmäßigkeit uns eine Vorstellung davon gibt, wie fein und stetig jener Niederschlag erfolgt.

Die Bedeutung der Austern und Miesmuscheln als Nahrungsmittel ist bekannt. Gegenüber dem von ihnen gebotenen Nutzen darf aber auch der Schaden nicht verschwiegen werden, den andere Muscheln am Holzwerk der Hafenbauten und Schiffe anrichten, indem sie es nach allen Richtungen durchbohren und morsch machen. Die Bohrmuschel bewirkt dies durch ihre raspelartig bedornte Schalenoberfläche, die Pfahlmuschel (Schiffswurm) durch Nagen mit den vorderen Schalenrändern.

Wir beschränkten unsere Untersuchung an den Weichtieren auf die Muscheln und solche Schnecken, wie sie uns das Binnenland kennen lehrt. Es liegt auf der Hand, daß beide Klassen eine Anzahl gemeinsamer Kennzeichen haben, die sie von den Wirbeltieren und Gliederfüßern, sowie von anderen Tierstämmen gut unterscheiden. Der weiche ungegliederte Körper, der Fuß, die Mantelbildung über den Atemorganen und die über dem Mantel sich ausbreitende Schale sind solche Kennzeichen. Andererseits ist ebensowenig zu verkennen, wie verschieden diese Teile bei den uns bekannt gewordenen Schnecken und Muscheln sind, und welche weitere Verschiedenheiten sich daran knüpfen.

Die Schnecken, mit ihrem Sohlenfuß zu ausgiebiger Ortsveränderung und freiem Nahrungserwerb befähigt, besitzen dementsprechend einen durch besondere Mundwerkzeuge und verschiedene Sinnesorgane ausgezeichneten Kopf — daher auch „Kopfträger" genannt — und tragen die Mantelhöhle und die einfache Schale auf dem Rücken. Die Muscheln, deren beil- oder hakenförmiger Fuß zur Ortsveränderung wenig geeignet ist, sind daher zu seßhafter Lebensweise und bloßer Heranstrudelung ihrer Nahrung eingerichtet; die unnötigen Mundwerkzeuge und Sinnesorgane fehlen ihnen und damit ein gesonderter Kopf (kopflose Weichtiere), wogegen der Mantel mit der zweiklappigen Schale das Tier vollkommen umschließt, teils zum Schutz, teils um die für die Atmung und Ernährung unentbehrliche Wasserströmung zu den bezüglichen Organen hinzuleiten.

Aus der größeren Beweglichkeit und Selbständigkeit der Schnecken erklärt sich deren größere Fähigkeit der Anpassung an verschiedene Lebensweisen (Wasser-, Land-, Kiemen-, Lungenschnecken) und im Zusammenhang damit der größere Formenreichtum, wie wir ihn bei der Muschel vergeblich suchen. Wenn wir auch nur die Hauptformen mariner Schnecken könnten Revue passieren lassen, so würden wir außer den uns schon bekannten Gestalten auch solche antreffen, deren Fuß in eine senkrechte, flossenförmige Platte verwandelt ist, die freilich eine lebhafte Ruderbewegung unterhält, aber doch dem beilförmigen Fuß unserer Flußmuschel gleicht (Kielfüßer); andere, deren Mantel nicht mehr kapuzenförmig nach vorn sieht, sondern faltenförmig den ganzen Rücken umkreist und die Kiemen an beiden Körperseiten überdeckt (Fig. 57), also an die Mantelbildung der Muscheln erinnert (Flankenkiemer). Diese Andeutungen werden uns aber vergewissern, daß die Gegensätze der binnenländischen Schnecken und Muscheln durch die Formmannigfaltigkeit der marinen Schnecken bis zu einem gewissen Grad ausgeglichen werden.

Diese Formflüssigkeit der Schnecken führt uns

aber noch weiter. Man denke sich eine Schnecke, deren Fuß in zwei flügelförmige Seitenhälften ausgewachsen ist und deren Mantelrand nicht nur wie bei den Flankenkiemern rund um den Rücken verläuft, sondern gerade an der hinteren Rückenhälfte sich zu einer sackartigen Kiemenhöhle erweitert. Solche Weichtiere existieren nun in der Tat und heißen **Flossenfüßer**, weil ihre zwei Fußlappen sich wie Flossen bewegen und das Tier schnell vorwärts treiben (Fig. 58 II). Die kleinen Flossenfüßer kommen nament-

Fig. 57.

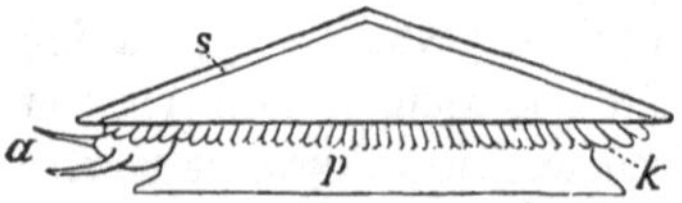

Ein Flankenkiemer (Napfschnecke), a Kopf, p Fuß, k Kiemen, s Schale.

lich in den nordischen Meeren in ungeheuren Scharen vor und dürfen unser Interesse deshalb besonders in Anspruch nehmen, weil sie die Hauptnahrung der riesigen Bartenwale bilden (s. S. 65). Eine Art heißt geradezu „Walfischspeise".

Wer sieht es einem so kleinen, in weit entfernten Meeren lebenden Geschöpfe an, daß es eine Hauptbedingung für das Leben jener größten Tiere und daher seit Jahrhunderten für die Existenz von zahlreichen Menschen ist, die vom Walfischfange leben!

Nun gibt es auch Flossenfüßer, die um den Mund mehrere fühlerartige Fortsätze, zuweilen mit geknöpften Seitenzweigen tragen. Eine solche Form bildet aber schon den Übergang zu jenen größten

Fig. 58.

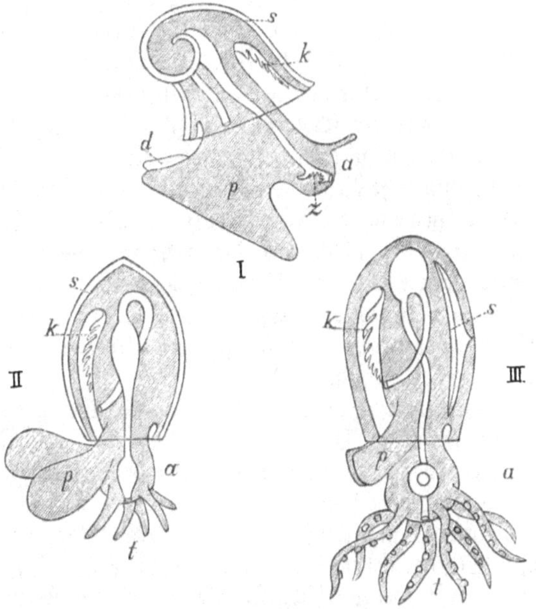

Vergleichende Darstellung einer sohlenfüßigen Schnecke (I), eines Flossenfüßers (II) und eines Kopffüßers oder Tintenfisches (III); a Kopf, t Kopfanhänge, z Reibzunge, p Fuß (Sohle, Flosse, Trichter), d Deckel, s Schale, k Kiemen in der Mantelhöhle.

und am höchsten entwickelten Weichtieren, Tintenfische*) oder besser Kopffüßer genannt, weil die

*) Dieser Name stammt daher, daß viele dieser Tiere einen „Tintenbeutel" führen, dessen Inhalt sie willkürlich ausspritzen und damit das Wasser ihrer Umgebung trüben, sei es zum Schutz oder zur Deckung ihrer Angriffe auf andere Tiere.

den Mund umstehenden, mit Saugnäpfen besetzten „Arme" die hauptsächlichsten Bewegungsorgane geworden sind, während der zweilappige Fuß sich zu einer in die Mantelhöhle führenden Atemröhre einrollt (Trichter) (Fig. 58 III). Die meisten der jetzt lebenden Kopffüßer haben die Schalen entweder ganz verloren, wie der schon im klassischen Altertum bekannte achtarmige Seepolyp, oder tragen nur noch wenig kenntliche Reste davon innerhalb des Mantels, wie der gemeine Tintenfisch oder die Sepia. In den älteren Erdschichten finden sich aber zahlreiche vollkommen entwickelte Schalen ausgestorbener Kopffüßer, von denen die großen, spiral aufgewundenen Ammonshörner und die geraden Donnerkeile am längsten bekannt sind.

Überhaupt gehören die Schalen aller Weichtiere, insbesondere der Schnecken und Muscheln, weil sie der Zerstörung besser als andere tierische Reste widerstehen, zu den verbreitetsten „Fossilien", d. h. in den Erdschichten eingeschlossenen Überbleibseln pflanzlicher und tierischer Lebewesen. Die gesetzmäßige Verteilung dieser verschiedenen fossilen Schalen hat aber wiederum Veranlassung gegeben, daraus die Aufeinanderfolge der verschiedenen Erdschichten und so die historische Erdkunde oder Geologie zu begründen.

Welch größeren unmittelbaren Nutzen für die Menschen könnten wir aber den Weichtieren nachrühmen, als daß sie uns eine so wichtige Wissenschaft, wie die Geologie ganz wesentlich begründen halfen? —

Der Stamm der Würmer.

Häufig genug sehen wir einen Regenwurm über den vom Regen aufgeweichten Boden hinkriechen (vgl. Fig. 50). Erst streckt er seinen Vorderkörper lang aus und zieht dann von einem Körperringel zum andern fortschreitend sein Hinterende nach. Sowie die Erschütterung des Bodens durch unser Auftreten ihm Gefahr ankündet, bohrt er sich schnell in die Erde ein; und wenn wir versuchen, ihn dabei zu fassen und aus seinem Loch herauszuziehen, so überzeugen wir uns, mit welcher Kraft er widersteht und daß er sich eher in Stücke reißen läßt als nachgibt. Ist das angesichts des glatten, schlüpfrigen Körpers des Regenwurms nicht sehr merkwürdig und einer näheren Untersuchung wert?

Da er sich nun nicht herausziehen läßt, heben wir die ihn umgebende Erdscholle heraus, befreien ihn daraus und durch Abspülen in Wasser von allem anhaftenden Schmutz, um ihn genauer zu betrachten. Während wir ihn aber, ohne ihn zu drücken, von hinten nach vorn durch die Finger ziehen, fühlen wir einen wie von Dornen oder Häkchen herrührenden Widerstand. Wer scharfe Augen hat, entdeckt nun, daß an den Seiten der beim Kriechen nach unten gewandten (Bauch-)Fläche unseres walzenförmigen Wurms kleine Borsten stehen, die aus Hautgrübchen hervorgestreckt werden. Und nun verstehen wir auch das Kriechen des Regenwurms: sobald er die Borsten in den Boden stemmt, wird der bezügliche Körperteil festgelegt, mit eingezogenen Borsten gleitet er aber leicht über den Boden hin. Bei der beschriebenen Fortbewegung wird also zuerst der Hinterkörper festgestemmt, während der Vorderkörper sich ausstreckt, darauf aber der letztere, bildlich gesprochen, vor Anker gelegt und der frei gemachte Hinterleib nachgezogen. Auf diese Weise bewegt sich der Regenwurm mit Leichtigkeit nicht nur auf dem ebenen Boden, sondern auch in seinen senkrechten Gängen auf und ab und vermag sich in den letzteren vermittelst seiner Borsten so festzustemmen, wie wir es erprobt haben.

Die Borsten stehen aber nicht regellos am Körper, sondern in Gruppen, die sich in gleichen Abständen längs der Körperseiten wiederholen. Zwischen ihnen umgürten aber quere Furchen den Körper und teilen ihn so in gleiche kurze Abschnitte oder Ringel. Unser Tier ist also ein gegliederter, borstentragender Wurm. Die Zergliederung eines toten Regenwurmes lehrt uns ferner, daß seine Bewegungen von einer Muskelschicht herrühren, deren quere und Längsbündel an der widerstandsfähigen Haut befestigt sind (Hautmuskelschlauch). Durch die Zusammenziehung der queren oder ringförmigen Muskelbündel wird ein Körperabschnitt gleichmäßig verdünnt und daher gestreckt, während die längsverlaufenden Fasern durch ihre Verkürzung auch den von ihnen durchsetzten Körperteil verkürzen. Die Borsten werden aber wie die Gliedmaßen eines höheren Tiers durch besondere Muskeln regiert.

Mit einiger Mühe entdecken wir am dünnen Ende des Regenwurms seinen Mund, ohne jedoch dort einen Kopf unterscheiden zu können. Wer aber das

Fig. 59.

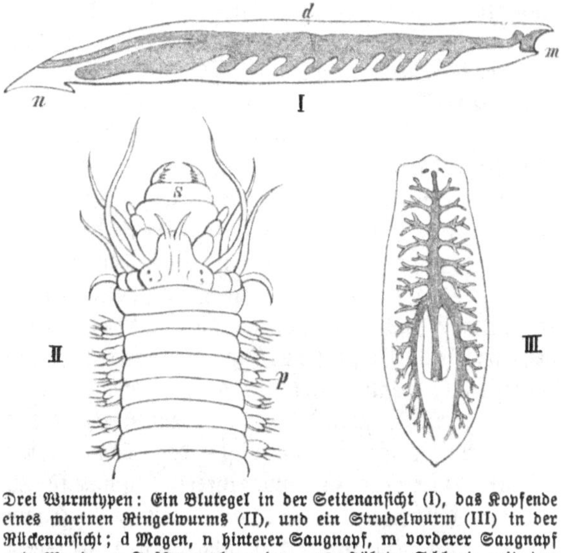

Drei Wurmtypen: Ein Blutegel in der Seitenansicht (I), das Kopfende eines marinen Ringelwurms (II), und ein Strudelwurm (III) in der Rückenansicht; d Magen, n hinterer Saugnapf, m vorderer Saugnapf und Mund, p Fußstummel, s der ausgestülpte Schlund mit den Schlundkiefern.

tierische Leben am Meeresstrande täglich beobachten kann, wird viele Borstenwürmer antreffen, deren Mundende durch die Anwesenheit von Augen, Fühlern und Schlundkiefern deutlich als Kopf gekennzeichnet ist (Fig. 59 II). Auch stecken die stärkeren Borsten dieser marinen Würmer bündelweise in fußstummelartigen Fortsätzen der Körperwand. Alle Borstenwürmer besitzen einen von einer geräumigen Leibeshöhle umgebenen Darm und ein Nervensystem, das durchaus mit demjenigen der Gliedertiere übereinstimmt.

Überhaupt kann es nach dem beschriebenen Bau der Borstenwürmer nicht zweifelhaft sein, daß sie mit den Gliederfüßern, z. B. den Tausendfüßern, eine viel größere Ähnlichkeit haben als mit den Weichtieren oder Wirbeltieren. Borstenwürmer und Tausendfüßer besitzen gleicherweise einen geringelten Körper mit einem wohlabgesetzten Kopf und Beinen oder Fußstummeln an den Körperringeln; in beiden fungiert ein Hirn-Bauchmark und ein Hautmuskelschlauch. Eigentlich braucht man sich nur die Haut des Wurms gehärtet, seine Fußstummeln zu gegliederten Beinen entwickelt zu denken, und aus dem Borstenwurm ist ein Gliederfüßer geworden. Wir kennen sogar eine wurmförmige, jetzt in die Nähe der Tausendfüßer gestellte Tierform, die mit ihren Stummelfüßen, einem unvollkommenen Kieferpaar, den unverkennbaren Nieren eines Borstenwurms usw. mitten in jenem Übergang sich zu befinden scheint.

Die wasserbewohnenden und frei herumschwimmenden Borstenwürmer tragen übrigens in der Regel Kiemen an ihren Fußstummeln, worin sie wieder den Krebsen gleichen.

Wer sich nun die Mühe nimmt, im Sommer aus einem mit Pflanzen bestandenen Gewässer einige

Proben zu schöpfen, wird außer ein paar Verwandten des Regenwurms noch ganz andere Würmer zu Gesicht bekommen. Lassen wir das Wasser in einem Gefäß einige Stunden abstehen, so zeigen sich an der Wand des letzteren größere und kleinere, helle blatt- oder bandförmige Wesen, die auf der Bauchseite, wo sich der Mund befindet, ähnlich wie Schnecken dahingleiten. Keine Gliederung, kein Kopf ist wahrzunehmen, und wenn wir auch den verzweigten Darm durchschimmern sehen (Fig. 59 III), so ist er doch in keine Leibeshöhle, sondern in eine dichte Körpermasse eingelagert, die außen von einer überaus zarten, flimmernden Haut überzogen ist und innen von Muskelzügen in allen Richtungen durchkreuzt wird. Vom zentralen Nervensystem ist nur ein Hirn, kein Bauchmark vorhanden; ebenso fehlen besondere Atemorgane und Blutgefäße. Es ist aber, wie in allen solchen Fällen, nicht eine besondere Stelle der Körperoberfläche zum Atemorgan geworden, sondern die letztere atmet noch in ihrer Gesamtheit.

Dieses Geschöpf ist ein Strudelwurm und wird zu demselben Stamme wie die Borstenwürmer gerechnet, weil beide Formen durch zahlreiche Übergangsstufen miteinander verbunden erscheinen und sich in gleicher Weise von anderen Stämmen unterscheiden. Wenn wir in jener langen Reihe der Würmer von den Strudelwürmern ausgehen und zu den folgenden Stufen fortschreiten, sehen wir die bei den ersteren vermißten Merkmale der „höheren" Würmer sich ganz allmählich einstellen: Gliederung und Kopfbildung, Leibeshöhle und Bauchmark und zuletzt die borstentragenden Fußstummel. Während aber das oberste Endglied dieser Reihe, eben die Borstenwürmer, wie wir sahen, sich den Gliederfüßern nähert, sind die das Anfangsglied darstellenden Strudelwürmer davon weit entfernt und viel eher den Weichtieren, insbesondere den Schnecken zu vergleichen. In der Tat fehlen beiderseits die Gliederung und jedwede Gliedanhänge, eine Leibeshöhle und endlich das vollkommene Bauchmark der Borstenwürmer und Gliederfüßer; ja, es gibt selbst nackte, fuß- und kiemenlose Schnecken, deren Unterscheidung von Strudelwürmern überhaupt Schwierigkeiten macht.

Aus dieser Untersuchung über die Stammverwandtschaft der unter dem Namen „Würmer" zusammengefaßten Tiere folgt also, daß sie in ihrer Gesamtheit keine Merkmale besitzen, die sie von Gliederfüßern und Weichtieren durchweg und scharf trennten, während diese beiden, den entgegengesetzten Enden der Wurmreihe angeschlossenen Stämme vollkommen auseinandergehen. Am besten fährt man noch, wenn man die Würmer als Tiere bezeichnet, die eine rechte und eine linke Körperseite unterscheiden lassen (vgl. S. 8), dagegen die besonderen Merkmale der übrigen nach dieser selben Grundform gebauten Tiere nicht besitzen, d. h. keine gegliederten Anhänge (Gliederfüßer), keinen Fuß und Mantel (Weichtiere), kein inneres Skelett (Wirbeltiere).

Die Ringelwürmer.

Man versteht darunter alle quergegliederten (geringelten) Würmer, also außer den Borstenwürmern auch solche, die keine Borsten tragen.

An Borstenwürmern besitzen Binnenland und Süßwasser nur wenige Arten. Die bekanntesten sind die bereits beschriebenen, in der Erde lebenden Regenwürmer, die man früher mit Unrecht für schädliche, pflanzenverderbende Tiere hielt. Sie nähren sich aber nur von verwesenden Stoffen, und ihre Bohrlöcher befördern noch gewissermaßen die Wurzelbildung der Pflanzen. Dagegen sind sie die beliebteste Beute vieler Asseln, Insekten, Amphibien, Reptilien, Vögel und Säugetiere.

Noch unschuldiger sind die nahverwandten kleineren, das Süßwasser bewohnenden Borstenwürmer, wenngleich eines dieser Tiere manchem abergläubischen Gemüt einen Schreck einzujagen vermöchte. In manchen Gräben mit lehmig-schlammigem Grund sieht man den letzteren nicht selten in großer Ausdehnung rötlich, beinahe blutig gefärbt. Wir treten rasch näher, schlagen wohl auch mit dem Stock ins Wasser, und im Nu ist die Färbung verschwunden. Während wir aber noch still und verwundert hineinschauen, kommt sie allmählich wieder zum Vorschein. Der Abergläubische mag darin die wunderbare Erscheinung von Blut im Wasser und wer weiß, welche üble Vorbedeutung erblicken. Wir aber heben uns ein Klümpchen von dem Schlamm heraus und breiten ihn unter

Wasser auf einem weißen Teller aus. Im Augenblick, wo der Schlamm auseinanderfließt, erblicken wir einen Knäuel rötlicher, fadendicker Würmer, die sich nach und nach auseinander wickeln und in der ihnen sehr unbehaglichen Lage auf dem Boden des Tellers nach allen Seiten kriechen. Es stecken ihrer viele Tausende im Schlamm neben einander; nur die Schwanzenden ragen hervor und werden lebhaft geschwungen, um das zur Atmung nötige Wasser zu erneuern. Bei jeder Erschütterung ziehen sie sich plötzlich zusammen und verschwinden in ihren Röhren. Einen Schreck gibt es also bei diesem wundersamen Schauspiel immer, aber sobald wir selbst in der Natur nur Natürliches erwarten, lediglich bei den schreckhaften kleinen Würmern.

In den gleichen Tümpeln begegnen wir auch dem einen oder anderen Egel, namentlich dem großen (unechten) Pferdeegel. Es ist dies ein borstenloser, etwas abgeplatteter Ringelwurm, der zur Stütze seiner Bewegungen besondere Organe hat. Seine Mundöffnung liegt nämlich im Grunde eines Saugnapfes, und ein zweiter, äußerlich noch mehr ausgeprägter Saugnapf befindet sich unter dem Hinterende (Fig. 59 I). Durch abwechselnde Befestigung der beiden zusammen- und auseinanderrückenden Saugnäpfe kriecht der Egel ähnlich einer Spannerraupe.

Unser Pferdeegel begnügt sich mit dem Aussaugen von Schnecken; auch würgt er Regenwürmer in seinen weiten Schlund hinab. Gelegentlich macht er sich an Frösche, kriecht wohl auch einem saufenden Pferde in die Nase. Größeren Tieren wird er aber nicht gefährlich, weil seine drei im Schlunde verborgenen Kiefer (Schlundkiefer) verhältnismäßig stumpf sind. Ganz anders der medizinische Blutegel, dessen sägenartig scharfgezahnte Kiefer bekanntlich auch die menschliche Haut durchbeißen. Daß er beim Blutsaugen von vorn bis hinten wie ein Sack anschwillt, ist dadurch möglich, daß der dem Magen entsprechende größte Abschnitt seines Darmkanals mit zwei Reihen von taschen- und sackförmigen Ausweitungen versehen ist. Die auf einmal aufgenommene Blutmenge wird erst im Verlaufe einiger Monate vollständig verdaut.

Endlich verdient hier noch der kurze und breite Rüsselegel unseres Süßwassers erwähnt zu werden. Er hat seinen Namen daher, daß er seinen kieferlosen Schlund rüsselartig nach außen vorstrecken kann. In der Regel trifft man ihn im Wasser mit dem ganzen Körper an einen Stein angepreßt. Hebt man ihn zur Brutzeit von seiner Unterlage ab, so findet man seine Eiertracht an seinem Bauche angeheftet; und auch die Jungen halten sich dort noch lange bei ihrer Mutter auf, indem sie sich mit der hinteren Haftscheibe ansaugen. Gelegentlich strecken sie ihr Kopfende unter der Mutter hervor, und wenn man sie vorsichtig von dort entfernt, sammeln sie sich sogar wieder an der alten Brutstelle. Wem fällt dabei nicht die Henne mit ihren Küchlein ein! Und doch ist es ein unansehnlicher Wurm, an dem sich jene bekannte Erscheinung des mütterlichen und des kindlichen Instinkts wiederholt.

Unser breiter Rüsselegel saugt an Wasserschnecken, der langgestreckte Rüsselegel oder der gemeine Fischegel an Flußfischen.

Die Rundwürmer.

Zwischen den Ringelwürmern und den Strudelwürmern liegt, wie gesagt, eine lange Reihe von Zwischenformen, zum großen Teil Parasiten des Menschen und der Tiere, gelegentlich auch der Pflanzen. Eine große Anpassungsfähigkeit offenbaren die sogenannten Rundwürmer, zu denen die gefürchtete Trichine gehört, ferner das im gärenden Essig lebende Essigälchen, die Insassen der gichtkranken Weizenkörner, die Genossen der pilzbewohnenden Mückenlarven usw.

Fig. 60.

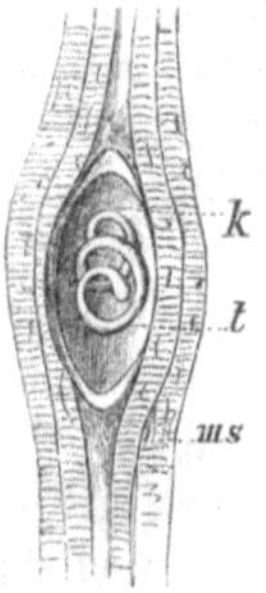

Eingekapselte Trichine, ms Muskelfasern, k Kapsel, t der Wurm.

Hier nur ein Wort über die Trichine als Vertreterin der Rundwürmer. Sie ist ein sehr kleines, lang spindelförmiges und ungegliedertes Geschöpf, das sich nur mit Hilfe des Hautmuskelschlauchs bewegt und keinerlei Kiefer besitzt. Die Trichine kann daher auch keine Verletzungen verursachen, sondern wird uns auf eine ganz andere Weise verderblich. Wenn sie nämlich mit dem rohen Fleisch von „trichinösen" Schweinen, worin sie in kleine Kapseln eingeschlossen ruht (Fig. 60), in den Magen des Menschen gelangt, vermehrt sie sich dort massen=

haft, worauf die Brut sich durch den ganzen Körper verbreitet, um in den Muskeln sich einzukapseln und so in den Ruhezustand überzugehen. Die bloße Anwesenheit dieser zahlreichen „Muskeltrichinen" in den Muskelfasern ist die Ursache für die Erkrankung der letzteren, welche natürlich um so gefährlicher wird, je größere Partien der Muskulatur von den Trichinen durchsetzt sind.

Eine andere in vielen Ländern ebenso berüchtigte Erkrankung rührt dagegen davon her, daß die trichinenähnlichen, aber mit beißenden Kiefern versehenen Würmer in dem Darm des Menschen sich festbeißen und dessen Blut saugen. In neuerer Zeit wurde dieser Parasit als die Ursache der bei Tunnel- und Bergarbeitern nicht seltenen Tunnelkrankheit erkannt. In beiden Fällen ist aber diesen parasitischen Rundwürmern gemeinsam, daß ihr Aufenthalt zwischen verschiedenen von ihnen bewohnten „Wirten" oder Orten wechselt: die Trichine bewohnt zuerst das Schwein, dann den Menschen, der andere beißende Darmwurm zuerst das Wasser, um beim Trinken in den Menschen überzusiedeln.

Die Plattwürmer.

Dazu gehören die schon beschriebenen Strudelwürmer, ferner eine große Anzahl von blatt- und bandförmigen parasitischen Würmern (Saug-, Bandwürmer). Bei diesen letzteren kehrt in der Regel das schon für die Trichine angegebene Verhältnis wieder, daß ihre verschiedenen Träger oder Wirte in nahen

Lebensbeziehungen zu einander stehen, wie z. B. Katze und Maus, Hund und Hase usw. Es ist daher leicht zu verstehen, wie die Jugendformen eines solchen Wurms, die etwa die Maus, den Hasen bewohnen, ganz passiv in die Katze und den Hund gelangen, indem diese Raubtiere jene ersten Wirte des Wurms als ihre natürliche Beute verzehren.

Wir schließen hier mit den Würmern ab, von denen wir uns also merken, daß sie in die drei großen Gruppen der Platt-, Rund- und Ringelwürmer zerfallen.

Strahlig gebaute Tiere.

Wie schon mehrfach hervorgehoben wurde, sind alle bisher beschriebenen Tiere, die Wirbeltiere und die Gliederfüßer, die Weichtiere und die Würmer, so gebaut, daß sie in demselben Sinn, wie wir es zuerst an uns selbst feststellen, eine rechte und eine linke Körperhälfte haben, die spiegelbildlich gleich sind (S. 8). Daraus ergibt sich ferner ein Vorn (Kopf) und Hinten (Schwanzende), ein Oben (Rücken) und Unten (Bauch). Diese Grundform mag in Ermangelung eines passenderen Namens die zweiseitig symmetrische heißen.

Es gibt aber auch Tiere, deren Körper nach einer ganz anderen Grundform gebaut ist. Freilich bietet das an Wassertieren verhältnismäßig arme Binnenland keine passenden Beispiele, um diese für uns neue Grundform kennen zu lernen. Wer aber einmal an einer Seeküste verweilte oder auch nur ein größeres Aquarium besuchte, wird wenigstens einen Seestern, einen größeren Polypen oder eine Qualle (Meduse) gesehen haben. Solche Geschöpfe bezeichnet man als strahlig gebaute Tiere.

Den Namen „Seestern“ nimmt jeder als selbstverständlich an, der das Tier selbst oder ein Bild

Fig. 61.

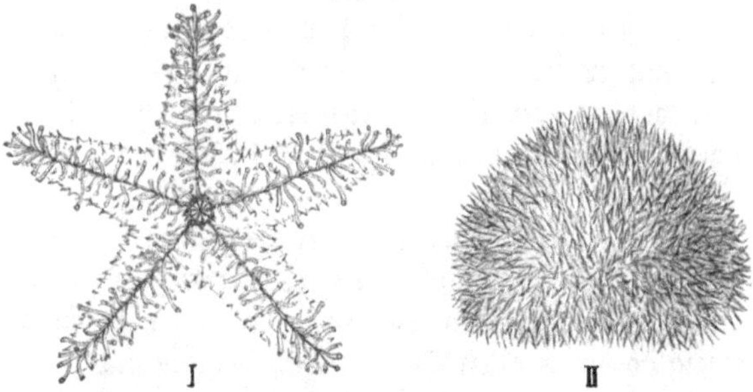

I II

Seestern (I) von der Mundseite, Seeigel (II) von der Seite gesehen.

davon sieht (Fig. 61 II). Die Körperteile liegen nicht rechts und links von einer mittleren Linie, sondern sind gleich den Strahlen einer Sternform um eine kurze Achse geordnet, die man sich vom Mittelpunkt der Oberseite zur Mitte der nach unten gerichteten Seite gezogen denkt. Nicht vorn, da es hier kein Vorn und Hinten gibt, sondern in der Mitte unten liegt der Mund, und von ihm erstrecken sich bis zum Ende jedes Strahls oder Arms Reihen von geschlossenen, nach außen fußartig vorragenden Schläuchen. Diese Saugfüßchen können, wenn ausgestreckt, sich mit ihren Enden, wie der Egel mit seinen Saugnäpfen anheften, um dann nach Belieben wieder verkürzt oder ganz eingezogen zu werden. Der Seestern kann daher mit der großen Zahl seiner zarten Füßchen langsam, aber sicher über den Meeresboden und selbst an senkrechten Felswänden hinaufkriechen. Diese Bewegung wird aber nur teilweise von Muskeln in den Füßen selbst bewirkt, hauptsächlich jedoch durch ein Vollpumpen der hohlen Füßchen mit Wasser und ein Zurücktreten des letzteren, was von inneren Wasserkanälen und ihren blasigen Anhängen besorgt wird, natürlich nach dem Willen des Tieres.

Diese Einrichtung, einem Tier die fehlenden Gliedmaßen durch ein kompliziertes Wasserwerk mit nach außen hervortretenden Schläuchen zu ersetzen, steht einzig da unter allen Tieren. Der Seestern und seine Verwandten hätten füglich danach benannt werden sollen. Da aber die Bekanntesten unter ihnen auf ihrer Oberfläche mit Buckeln und Stacheln jeder Art bedeckt sind, werden sie Stachelhäuter genannt. Dies paßt besonders auf die Seeigel, halbkugelige Geschöpfe ohne die Arme des Seesterns, deren Saugfüßchenreihen in fünf Meridianen vom Munde bis gegen den Scheitel verlaufen, also ebenfalls strahlig angeordnet sind. Ihre beweglichen harten Stacheln stehen so dicht, daß sie in der Tat an das Stachelkleid des Igels erinnern (Fig. 61 II).

Diese Mitteilungen über zwei der bekanntesten Stachelhäuter mögen hier genügen; denn wie vieles auch über diese merkwürdige Gruppe zu berichten ist

Fig. 62.

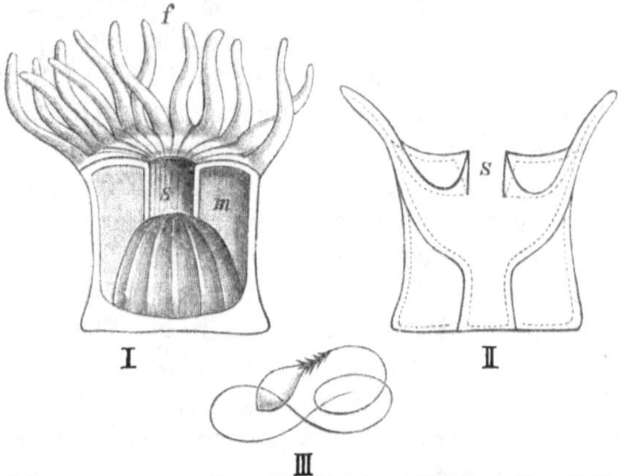

Eine Seeanemone senkrecht durchschnitten (I), s Schlund, m Magentasche, f Fangarme; II die Umbildung eines Polyps in eine Meduse (s. Text), III ein ausgestoßenes Nesselorgan.

— es hat mehr wissenschaftliches als allgemeines Interesse.

Zu den gewöhnlichsten Bewohnern von Aquarien, in denen Seetiere gehalten werden, gehören ferner gewisse größere Polypen, nämlich die wegen ihres Farbenreichtums und ihrer ansprechenden Form vielbewunderten Seeanemonen.

Kurze, am Boden festsitzende Zylinder, am freien Ende bis auf die Mundöffnung verschlossen, am Rande dieser Mundscheibe aber mit zahlreichen fransenförmigen Fortsätzen (Fangarme) besetzt, die leise im Wasser spielen, alles von meist lebhafter Färbung — das ist das Bild der Seeanemone (Fig. 62, I). Trotz ihrer Zartheit und Blumenähnlichkeit ist sie ein Raubtier, das mit Hilfe seiner Fangarme kleine Tiere einfängt und zum Munde führt. Allerdings erscheinen diese weichen Arme, ungeachtet der Beweglichkeit, mit der sie die Beute umklammern, zum Bewältigen derselben wenig geeignet. Sie enthalten aber eine zahllose Menge von kleinsten für unser bloßes Auge unsichtbaren Pfeilen mit anhängenden Giftblasen (Fig. 62, III), die auf die Beute abgeschossen, sie verletzen und betäuben oder töten. Das Abschießen geschieht durch einen spiralig aufgewundenen elastischen Faden, der am Pfeil befestigt und mit diesem und seiner Blase in einer Kapsel eingeschlossen ist. Sobald diese gesprengt wird, streckt sich der Faden aus und reißt den Pfeil mit sich, ähnlich wie die Spiralfeder einer Kinderflinte den Bolzen hinaustreibt. Wenn wir selbst beim Baden in der See solchen Tieren zu nahe kommen, oder sie unvorsichtig anfassen, rufen die in unsere Haut eingedrungenen Pfeile eine nesselnde Empfindung hervor; deshalb heißen diese Apparate „Nesselorgane“ und alle damit ausgestatteten Geschöpfe Nesseltiere.

Durch den Mund und einen engen Schlund

gelangt die Nahrung der Seeanemonen in einen weiten Magen, der die untere Körperhälfte einnimmt und aufwärts in viele strahlig um den Schlund gelagerte getrennte Kammern (Magentaschen) ausläuft (Fig. 62, I). In der Leibeswand befinden sich Muskeln, die alle genannten Teile bewegen, insbesondere das ganze Tier stark zusammenziehen können. In den Seeanemonen offenbart sich also ebenfalls die strahlige Grundform, daneben aber eine viel einfachere Organisation als bei allen bisher genannten Tieren. Die Atemtätigkeit der ganzen Körperoberfläche hat sich noch nicht auf bestimmte Stellen (Kiemen) beschränkt; statt durch Blutgefäße und Nieren geht der Stoffwechsel so vor sich, daß die ernährenden und die auszuscheidenden Säfte einfach den ganzen zarten Körper durchdringen, und von einem Nervensystem finden sich nur die ersten Spuren.

Nun gibt es Polypen desselben Baues, die sich aber von den Seeanemonen in zwei Dingen unterscheiden. Einmal sprossen aus den Seiten ihres Körpers wie bei einer Pflanze Knospen hervor, die sich zu ebensolchen Polypen wie das Muttertier entwickeln, aber mit ihm im Zusammenhang bleiben. Solche verzweigt zusammenhängende Gruppen heißen Stöcke. Ferner sondern diese stockbildenden Polypen eine Kalkmasse in ihrer Körperwand ab, die in verschiedener Form den ganzen Stock durchzieht, bald nur zwischen den einzelnen Polypen eine feste Achse für den ganzen Stock bildend, bald jeden einzelnen becherförmig umschließend. Ein Beispiel der ersten Art ist die Edelkoralle (Fig. 63), deren rotgefärbte Kalkachse die bekannten Schmuckgegenstände liefert. Kalkgerüste der zweiten Art kommen bei den riffbildenden Korallen, den Riffkorallen vor. In

Fig. 63.

Ein Stück einer Edelkoralle, a das am untern Ende bloßgelegte Achsenskelett, b die Polypen des Stocks.

beiden Fällen nennt man die Hartgebilde ein Skelett; es ist aber darunter kein der Bewegung dienendes oder Muskelskelett zu verstehen, sondern lediglich ein Stützskelett für die weichen zarten Polypen.

Verweilen wir einen Augenblick bei den letzten Beobachtungen. Die Seeanemonen und Korallen erscheinen auf den ersten Blick nicht nur sehr einfach gebaut — ihre Organe sind: Haut, Darm, Fangarme, Muskeln, Nerven — sondern so zart, daß ein

Widerstand gegen andringende Feinde unbegreiflich ist, zumal sie als seßhafte Geschöpfe eine Flucht nicht kennen. Wir haben aber gesehen, welche wirksamen Waffen sie in ihren Nesselorganen besitzen, um nicht nur sich der Angriffe zu erwehren, sondern auch lebende Beute einzufangen. Noch mehr. Diese schwachen Geschöpfe bilden mit ihren ausgedehnten harten Kalkskeletten steinartige Massen, die nach dem Tode des Tierstocks zur Unterlage neuer Stöcke werden und so zu ganzen gewaltigen Felsen anwachsen. Bekanntlich häufen sich in tropischen Gegenden diese Korallenriffe zu unterirdischen Gebirgen, aus denen infolge vulkanischer Erhebungen einzelne Gipfel als Inseln über den Meeresspiegel auftauchen und auf diese Weise ganze Inselgruppen gebildet werden.

Wir stehen hier ganz eigenartigen Erscheinungen gegenüber. Wohl verändern die auf der Erde wirksamen Lebewesen, vor allem der Mensch, bis zu einem gewissen Grade deren Oberfläche. Diese Tätigkeit verschwindet aber gegen die Arbeit, welche die Seetiere dadurch leisten, daß sie die ungeheuren Massen von Kalk, den die Flüsse dem Meere beständig zuführen, zu ihren Schalen und Skeletten verarbeiten und nach ihrem Tode in dieser festen Form auf dem Meeresboden zurücklassen. Wohl die größten Massen solcher gesteinbildenden Reste liefern ohne Zweifel die Schnecken und Muscheln; indem sie aber als einzelne und zum Teil frei bewegliche Tiere sich mehr gleichmäßig über den Meeresboden verteilen, bewirken sie auch eine gleiche Schichtung ihrer kalkigen Reste. Auffälliger ist dagegen die Arbeit der Korallen, die trotz ihrer Schwäche und Zartheit, infolge ihrer Seßhaftigkeit und Stockbildung, wahre unterseeische Gebirge errichten und sozusagen Mitwirkende werden bei den allmählichen, aber tiefeingreifenden Erdumwälzungen, von welchen uns die Geologie berichtet. (Naturwissensch. Elementarbücher, Geologie § 138—147 und § 213—228.)

Noch unendlich viel zarter als die Korallentiere sind die Quallen oder Medusen (Fig. 65 II). Obgleich diese frei herumschwimmenden Tiere eine ausgesprochene Schirm- oder Glockenform haben, läßt sich ihre nahe Verwandtschaft mit den Seeanemonen und Korallentieren im inneren Bau nicht verkennen. Wenn man sich vorstellt, daß die Mundscheibe einer Seeanemone sich um den Mund ringförmig vertieft und dann die untere Hälfte des zylindrischen Körpers sich stielförmig zusammenzieht, so hat man einen gestielten schüsselförmigen Körper mit dem strahligen Bau des Polypen (Fig. 62, II). Vom Stiel abgelöst und mit dem Mund abwärts gekehrt, wird der schüsselförmige Körper zur schirmförmigen Meduse, aus deren Grunde das Mundrohr wie der Schirmstock oder wie ein Glockenklöppel hinunterhängt. Ein ringförmiger Muskel in der Wand der Schirmhöhle zieht diese rhythmisch zusammen, und der Rückstoß des aus ihr ausgestoßenen Wassers treibt die Qualle vorwärts. Ihre übrigen Lebenstätigkeiten unterscheiden sich aber nicht wesentlich von denen der Polypen.

Jene Vorstellung über die Verwandlung eines Polypen in eine Qualle ist jedoch nicht willkürlich ausgedacht, sondern ergibt sich unmittelbar aus der wirklichen Entwickelungsgeschichte gewisser Quallen, deren Larven in der Tat kleine Polypen sind, die sich allmählich in der angegebenen Art in Medusen verwandeln. Noch wunderbarer gestaltet sich aber das Verhältnis von Polypen und Quallen in einer besonderen Gruppe von Nesseltieren, wovon wir einen Vertreter im Süßwasser haben, den winzigen Armpolypen. Dieser gleicht vollkommen einem schlanken Kelchglase mit zusammengezogener Mündung, um die herum die Fangarme stehen (Fig. 64). Denn im Innern fehlt jede weitere Einteilung des Darmraums; von Schlund und Magentaschen ist nichts zu sehen. Dennoch fängt unser an den Wasserpflanzen festsitzender Polyp mit Hilfe seiner gutbewehrten Arme Krebschen und Insektenlarven, die ihn an Größe übertreffen, stopft sie in seinen sackförmigen Körper, der dadurch mächtig aufgebläht wird, und wartet ruhig die allmähliche Auflösung seiner Beute ab; dann werden ihre weichen Teile von dem Körper aufgesogen.

Fig. 64.

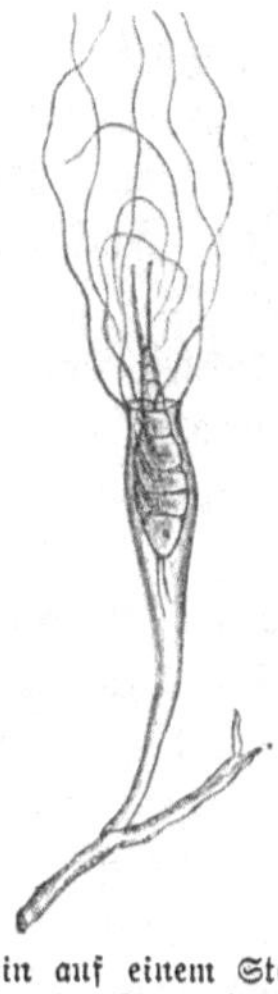

Ein auf einem Stengel sitzender Armpolyp, der eben einen kleinen Krebs verschluckt.

Von Zeit zu Zeit wächst eine Knospe aus der Seite des Polypen hervor, verwandelt sich selbst in einen solchen und löst sich dann vom Muttertier ab. Zu einer Stockbildung kommt es nicht. Der Armpolyp pflanzt sich aber nicht nur durch Knospen, sondern auch durch Eier fort, die nach außen hervorbrechen, eine feste Schale erhalten und zu Boden fallen, um lange Zeit zu ruhen, bevor sich aus ihnen neue Polypen entwickeln. Wozu diese Umstände? möchte man fragen. Nun, wenn der Armpolyp auch die reichsten Stöcke erzeugte und sich noch so schnell durch gewöhnliche zarte Eier fortpflanzte, so dauerte diese Herrlichkeit doch nur während der warmen Jahreszeit und solange die von ihm bewohnten Gewässer nicht austrocknen. Sobald aber letzteres geschieht oder im Winter die stehenden Gewässer zufrieren, würden nicht nur die Stöcke, sondern auch die ungeschützten zarten Eier zugrunde gehen, und es wäre gar nicht zu verstehen, wie im folgenden Jahr in den aufgetauten oder neugebildeten Gewässern sich wieder Armpolypen zeigen sollten.

Indem aber die Eier des Armpolypen in Wirklichkeit durch ihre festen Schalen gegen Kälte und Austrocknung geschützt und für eine monatelange Pause eingerichtet sind, vermögen sie Dürre und Winter zu überstehen; und die sich stets ablösenden und weiter wandernden Knösplinge des Armpolypen sorgen für eine größtmögliche Verbreitung der Brut. Die Fortpflanzung unseres Polypen ist also in ganz vorzüglicher Weise seinen Aufenthaltsorten angepaßt;

und wir wollen uns bei dieser Gelegenheit merken, daß viele in gleicher Lage befindliche Geschöpfe, Würmer, Krebse u. s. w. derselben Gewässer die gleiche Einrichtung der Dauerkeime haben.

Daß diese Erläuterung des Lebens unseres Armpolypen die richtige ist, beweist uns das Verhalten seiner zahlreichen marinen Verwandten, die unter anderen äußeren Lebensbedingungen auch einen entsprechend andern Lebensverlauf zeigen. Gegen Austrocknung und Vereisung brauchen sie sich im Meere nicht zu schützen, und für eine genügende Ausbreitung der Art sorgen die freibeweglichen Larven. Deshalb wächst der knospende Polyp an seinem Standort zum weitverzweigten Stocke aus. Um aber das Leben des ganzen Stockes zu sichern, entwickelt sich unter seinen Individuen eine Arbeitsteilung zur vollkommeneren Bewältigung der einzelnen Aufgaben: eine Anzahl von ihnen sorgt ausschließlich für die Ernährung (Nährpolypen), wobei infolge des unmittelbaren Zusammenhangs aller Darmräume jeder Bissen dem Ganzen zugut kommt; andere Individuen lassen sich vorherrschend die Erzeugung von Nesselorganen angelegen sein (Wehrpolypen), und eine dritte Gruppe befaßt sich lediglich mit der Entwickelung von Eiern und vielfach auch mit der Brutpflege (Brutträger). Die Nährpolypen behalten die ursprüngliche Polypengestalt, weniger die Wehrpolypen; die Brutträger dagegen zeigen alle Übergänge zur Medusenbildung (Fig. 65), und es läßt sich zeigen, daß die Eibildung mit dieser Gestaltung in innigster Beziehung steht. Die vollkommensten Medusen lösen sich vom Stock, schwimmen dann frei umher und ernähren sich selbständig; aus ihren Eiern gehen aber wieder Polypen hervor.

Fig. 65.

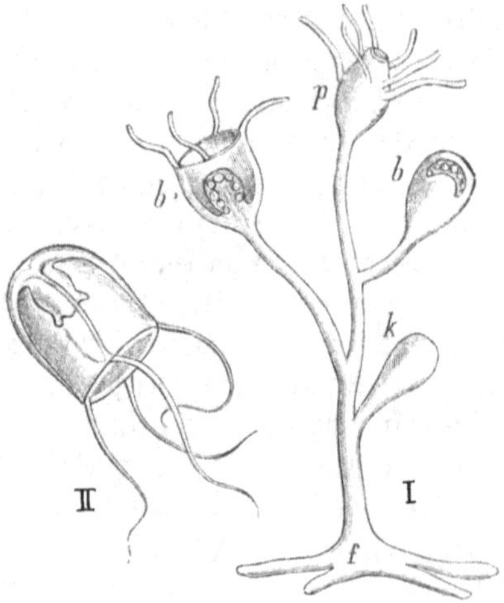

Ein Polypenstöckchen (I) mit einem Nährpolyp (p), einer Knospe (k), einem einfachen (b) und einem medusenförmigen Brutträger (b'), f der Fuß; II eine freie Meduse.

Also im Meer unterbleibt die Entstehung von Dauereiern, weil sie überflüssig ist, und führt die allen Polypen gemeinsame Knospenbildung zur Stockbildung und sogar zu einer Art von Staatenbildung, weil jede Arbeitsteilung von Vorteil ist. Diese Erscheinungen leiten uns aber noch weiter. Sobald die vollständige Medusenbildung sich eingebürgert hatte, gewann sie hier und dort am Stock das Übergewicht: an dem ersten Polypen, der aus dem Ei hervorging, entstanden, bevor noch andere Polypen hervorknospten, schon die Medusen. Zuletzt entstanden sie an dem noch kaum angelegten Polypen, ja unmittelbar aus dem Ei; und damit war die ursprüngliche Form des Polypen aus dem früheren Wechsel der aufeinanderfolgenden Generationen, dem sogenannten Generationswechsel, ausgemerzt. Alle diese Übergänge liegen uns aber in Wirklichkeit vor.

Überlegen wir den eigentlichen Inhalt aller dieser Beobachtungen. Den Ausgangspunkt bilden einfache Polypen, die wieder Polypen zeugen; dann folgen Polypen, deren Sprößlinge anfangs nur teilweise, zuletzt ausschließlich Medusen sind, deren Brut wieder die Polypenform annimmt; endlich verschwindet die Zwischenform der Polypen ganz und bleiben nur Medusen zurück, die sich unmittelbar fortpflanzen. So wurden die einfachen Polypen allmählich, durch eine Reihe von Zwischenzuständen hindurch, von Medusen vollständig ersetzt; beides Nesseltiere und im Grundbau gleich, in der einzelnen Ausführung desselben und in der Lebensweise verschieden, und zwar die Medusen als freibewegliche Geschöpfe auch höher organisiert, insbesondere mit Nerven und Sinnesorganen ausgestattet. Wer denkt nicht dabei an die Entwickelung eines Menschenvolkes, von der grauen Urzeit an durch mannigfache Schicksale hindurch und mit wechselnder Gesittung und Kultur bis zur heutigen Gestalt? Die urkundliche Nachweisung und Darstellung solcher Entwickelung nennen wir „Geschichte". An den Polypen und Medusen lernten wir mit Hilfe lebender Urkunden ein Stück Geschichte der Tierwelt kennen.

An die deutlich strahlig gebauten Tiere schließen sich noch diejenigen an, deren horniges Stützskelett wir im Badeschwamm kennen und schätzen. Allerdings ist der lebende Schwamm ein unförmlicher Klumpen, allseitig von Höhlen und Kanälen durchzogen, die sich mit zahlreichen Mündungen nach außen öffnen. Feine Wimperhärchen an den Wänden der Innenräume unterhalten eine beständige Wasserströmung und durch sie Atmung und Ernährung. Zur Stütze der weichen Körpermasse dient das hornige, in anderen Fällen kalkige oder kieselige Gerüst. In seiner Jugend, als Larve, ist der Schwamm aber regelmäßig eiförmig, also von strahliger Grundform wie ein Nesseltier oder ein Seeigel. Dann schwimmt er auch noch frei herum, von lebhaft schlagenden Wimperhärchen seiner Oberfläche getrieben. Sobald er sich aber festsetzt, wächst er unregelmäßig aus, so wie wir es an seinem Skelett, dem Badeschwamm, sehen. Solche marinen Schwämme heißen nach der Substanz ihres Skeletts „Hornschwämme".

Auch im Süßwasser wuchert ein Schwamm, aber mit kieseligem Skelett in Form von zahlreichen, verfilzten Nadeln (Kieselschwamm), zu ansehnlicher Größe heran. Der Unkundige hält aber die an

Pfählen ansitzenden weichen und meist grünlichen Klumpen unseres Süßwasserschwamms eher für eine niedere Wasserpflanze als für ein Tier. Aber auch der Schwamm empfindet und atmet, bewegt seine Wimperhärchen willkürlich und verdaut die aufgenommene feste Nahrung, ist also unzweifelhaft ein tierisches Lebewesen.

Urtiere.

So nennen wir die einfachsten und kleinsten Geschöpfe, die in unübersehbaren Scharen beinahe jedes Wasser und viele andere Flüssigkeiten bewohnen. Wenn wir eine Handvoll Heu in einem Gefäß unter Wasser setzen und einige Tage stehen lassen, so wimmelt es in diesem Aufguß von solchen Urtieren, die man deshalb Aufgußtierchen (Infusorien) nennt.

Wie gelangen sie ins Heu und halten so lange in der Trockenheit aus, bis sie in ihr eigentliches Element, das Wasser, kommen? Nun, sie waren nicht als fertige Infusorien im Heu, sondern als Dauerkeime von solchen, die der Wind hierhin und dorthin verweht und so im Heu ablagert, nach dessen Übergießung sie im Wasser sofort sich zu den fertigen Infusorien entwickeln. Ein mikroskopisches Klümpchen einer zarten Masse, aber bestimmt geformt, bewimpert und dadurch leicht beweglich, — so erscheint uns zunächst das Infusionstierchen.

Du fragst, ob wir denn solch ein Wesen ein Tier nennen können? Schau es nur unter dem Mikroskop an und du wirst nicht mehr fragen. Da schwimmt es blitzschnell dahin, hält plötzlich vor einem Hindernis an, kehrt um, d. h. schwingt seine Wimpern, seine Ruderwerkzeuge in anderer Richtung, und so gehts rastlos weiter. Also: es empfindet und richtet darnach seine Bewegungen willkürlich ein. Nun ruht es und zeigt an einer Stelle eine trichterförmige Vertiefung, den Mundtrichter, in welchem das hineingewirbelte Wasser manchen genießbaren Bissen einführt, der in den weichen Körper hineingezwängt und verdaut wird. An einer andern Stelle pulsiert ein winziges Bläschen, wodurch beständig eine wässerige Flüssigkeit nach außen ausgestoßen wird. Da hast du den Stoffwechsel des Infusionstierchens.

Betrachten wir nun jenes auf einem Stiel festsitzende, glockenförmige Infusor, dessen Mundtrichter allein von einem Wimperkranz umsäumt ist. Daß der letztere für Ernährung und Atmung sorgt, ist uns sofort klar; denn indem seine Bewegung, das gleichmäßige Schlagen der Härchen, einen Strudel erzeugt, wird dem festsitzenden Tierchen fortdauernd ein Wasserstrom (Atemwasser) und seine tierische und pflanzliche Nahrung zugeführt. Doch fehlt es unserem seßhaften Glockentierchen keineswegs an ausgiebiger Bewegungsfähigkeit. Sobald es von einer Erschütterung getroffen oder irgendwie unsanft berührt wird, schnellt der lange Stiel korkzieherartig zusammen und entzieht das Tier der Belästigung. Sagt ihm aber sein Standort gar nicht mehr zu — gewöhnlich infolge von Sauerstoffmangel —, so löst es sich mit Leichtigkeit vom Stiel ab und läßt im Umkreise der Trennungsstelle ein prächtiges Wimperrad hervortreten, dessen kreisende Bewegung den kleinen Körper forttreibt, wie die Schraube ein Dampfschiff. Ist nach einiger Zeit ein passenderer Platz gefunden, so ist die Reisetoilette im Nu wieder abgelegt, ein neuer Stiel gebildet und befestigt und das Glockentierchen in seiner gewöhnlichen Gestalt wieder vor uns. — Wer solche und ähnliche Erscheinungen bei den Infusorien zum erstenmal beobachtet, wird sich dem Eindruck nicht entziehen können, daß er eine Wiederholung dessen vor sich habe, was auch das Leben höherer Tiere darbietet. Nach einiger Überlegung wird er aber Bedenken tragen, darin überlegte Handlungen wie bei jenen höheren Tieren anzuerkennen. Denn wir haben uns gewöhnt, alle Vorgänge, die Empfinden und Wollen in zweckdienlicher Weise verknüpfen, nur in ein Nervensystem, ein Hirn zu verlegen. Die Infusorien haben kein Nervensystem, folglich könnte bei ihnen von Vorgängen, die auch nur entfernt an eine seelische Tätigkeit erinnern, keine Rede sein.

Also wäre jenes rastlose, wechselvolle und scheinbar so wohlgeregelte Leben und Treiben der Infusorien, welches das Mikroskop uns enthüllt, im Grunde doch nicht viel mehr als eine Reihe von Zufälligkeiten, wie etwa das Umherfliegen der gefiederten Pflanzensamen, das ja auch einem wichtigen Lebenszweck dient, nämlich die letzteren an passende Keimstätten zu bringen?

Überlegen wir doch einmal, worüber wir uns bereits verständigt haben. Empfinden und Wollen der uns zunächst stehenden Wirbeltiere erschlossen wir daraus, daß sie die gleichen Organe für jene Tätigkeiten besitzen wie wir selbst und mit ihrer Hilfe unter gleichen Umständen sich ebenso benehmen wie wir. Wir gingen weiter und sprachen dieselben Tätigkeiten auch den Gliederfüßern, Weichtieren, Würmern usw. zu; nur fanden wir z. B. die Augen der Insekten so ganz anders gebildet als die unsrigen, daß wir nur noch aus ihrem Benehmen gegen Lichteindrücke schließen, daß die Insektenaugen Sehwerkzeuge sind. Von der Art des Sehens dieser Tiere konnten wir uns aber keine bestimmte Vorstellung machen. Noch mehr: es ist nicht zu bezweifeln, daß das Insekt hört, denn wir sehen den Erfolg des Hörens in dem entsprechenden Benehmen des Tiers; und doch kennen wir in der Regel die Organe nicht, mit denen es hört.

Wir wissen ferner, daß alle Tiere, die auch keine Atemorgane besitzen, atmen; denn dauernder Sauerstoffmangel tötet sie gerade so wie uns selbst. Wir sehen endlich sogar das Infusor Nahrung aufnehmen und verdauen, ohne daß es einen Magen und Darm besäße, wir sehen es sich ohne Muskeln bewegen usw. Kurz, es fällt uns gar nicht ein, die Annahme irgend einer Lebenstätigkeit davon abhängig zu machen, daß wir ein dafür bestimmtes besonderes Organ nachweisen können. Wir haben vielmehr bei der flüchtigen Umschau unter den verschiedensten Tieren gefunden, daß sie alle atmen, sich ernähren, empfinden und sich willkürlich bewegen, daß sie dies aber nicht nur mit verschiedenen, sondern mit immer einfacheren, immer weniger Organen ausführen, bis endlich der ganze Körper sich nur noch als ein einfaches Klümpchen zartesten Stoffes darstellt. Denn die Infusorien sind durch den Mundtrichter, die pulsierende Blase und die Wimpern vor vielen weit einfacheren Urtieren schon besonders bevorzugt; diese letzteren erscheinen dagegen in der Tat als eine zähflüssige Substanz ohne bestimmte Form und ohne wirkliche Organe.

Wenn also ein solches mikroskopisches Stückchen lebendigen Stoffes auf seine Empfindungen hin sich nicht nur willkürlich, sondern auch zweckdienlich bewegen kann, so hat es etwas von einer seelischen Tätigkeit so gut wie ein Insekt, wie ein Hund. Wenn wir eine solche Erscheinung nicht begreifen, brauchen wir das Wort „Instinkt"; jedenfalls sind aber Instinkt und Verstand nur verschiedene Höhestufen derselben Tätigkeit.

So finden wir denn zuletzt in der Tierwelt eine Folgenreihe von Erscheinungen, die immer dieselbe Formel, aber in stets vollkommenerer Weise wiederholen: das individuelle, einheitliche Leben, wie es jeder Mensch nur in seiner eigenen Empfindung unmittelbar und vollkommen erkennt.

Die Tierkunde lehrt uns, daß wir nur den

Schluß jener Reihe bilden; wir stehen der Tierwelt nicht fremd gegenüber, aber in unserer seelischen Tätigkeit erheben wir uns über sie — nicht durch Verstand, den auch manche Tiere besitzen, sondern durch eine höhere Entwicklung desselben, durch die Erkenntnis der Weltordnung, des „Kosmos", und durch die Anerkennung der Pflicht.

FSC
www.fsc.org
MIX
Papier | Fördert
gute Waldnutzung
FSC® C083411

Kolibri 360 GmbH
Ferdinand-Jühlke-Straße 7
99095 Erfurt, Deutschland
produktsicherheit@kolibri360.de